关键基础设施入侵检测与安全增强

朱培栋　曹华阳　荀　鹏　刘小雪　崔鹏帅　著

科 学 出 版 社

北　京

内 容 简 介

本书从跨域渗透攻击及其入侵检测模型与方法和新型安全增强机制与协议两方面展开，具体讲述涉及关键基础设施信息物理等多域协同的入侵检测模型与方法，以及多域联合的新型安全增强机制与协议。本书共分 8 章，内容包括概述、基础设施网络渗透入侵模型、基于信息物理依赖度量的异常检测、高级感知数据注入攻击的检测、命令拆分攻击模式及其检测、基于事件和时间序列关联的协同攻击检测、层次式加密和控制数据验证机制及智能电器安全控制协议。

本书可帮助网络与信息安全相关专业的高年级本科生和研究生深入了解信息物理系统安全技术的进展，也可供从事智能电网、工控系统及其他关键基础设施安全防护工作的科研人员和技术研发人员参考。

图书在版编目（CIP）数据

关键基础设施入侵检测与安全增强/朱培栋等著. —北京：科学出版社，2022.12

ISBN 978-7-03-074320-6

Ⅰ.①关… Ⅱ.①朱… Ⅲ. ①计算机网络-网络安全-研究 Ⅳ. ①TP393.08

中国版本图书馆 CIP 数据核字（2022）第 241054 号

责任编辑：赵丽欣 王会明 / 责任校对：赵丽杰

责任印制：吕春珉 / 封面设计：东方人华平面设计部

科学出版社 出版

北京东黄城根北街 16 号

邮政编码：100717

http://www.sciencep.com

北京九州迅驰传媒文化有限公司 印刷

科学出版社发行 各地新华书店经销

*

2022 年 12 月第 一 版 开本：787×1092 1/16

2023 年 8 月第二次印刷 印张：9 1/4

字数：219 000

定价：98.00 元

（如有印装质量问题，我社负责调换〈九州迅驰〉）

销售部电话 010-62136230 编辑部电话 010-62134021

前　言

国家关键基础设施（national critical infrastructure）是维持国家发展和社会运行的至关重要的设施和服务，如水、汽、热管网等生活设施，电网、石油和天然气管网等能源设施，城市道路交通、轨道交通、高铁等交通网络，以及重要工业生产系统和军事设施等。这些基础设施大多是大规模的，彼此网络化互联，交换物质或能量；随着数字化、智能化的发展，逐渐形成更为复杂的“社会、信息、物理（人、机、物）融合系统”。

作者团队是国内较早开展国家关键基础设施安全技术研究的团队之一，力求将网络空间安全技术的研究从信息域的基础设施向物理域渗透和向社会域拓展。在多域融合网络方面，提出人机物融合网络（cyber-physical-social network，CPSnet）的概念，将传统信息物理系统（cyber-physical system，CPS）概念融合社会域并拓展到多重网络；基于网络化范式对网络空间（作为多域 CPSnet）的理解、构建和防护，提出系统的网络思维概念和大学生网络思维培养方法。

面向国家关键基础设施的安全可控要求，作者团队近年来系统研究大规模 CPSnet 的多域融合机理、渗透威胁模型、融合检测方法和协同安全机制；以社会、信息、物理多域融合特性的刻画、分析和利用为核心，系统研究多域交互、关联机理和融合网络基础模型，建立跨域渗透攻击和多域协同攻击模型，设计多域联合的安全监测模型与综合分析方法，研究多域协同防御模型和主动防御策略，设计多域融合的信息安全协议和物理控制算法。本书是关键基础设施入侵检测与安全增强方面的阶段性成果。

本书共分 8 章。第 1 章介绍国家关键基础设施的特点及其安全威胁模型，综述入侵检测技术与新型安全增强机制。第 2 章刻画基础设施网络渗透入侵模型，通过将攻击行为抽象为信号传递、叠加和衰减来模拟攻击影响。第 3～6 章介绍不同的入侵检测方法，其中第 3 章基于不同节点之间依赖关系的量化和机器学习进行异常检测；第 4 章对持续修改感知数据的攻击行为通过结合命令数据的方法，利用第一偏差算法产生样本和 K 最邻近技术构造分类器来识别异常；第 5 章对命令拆分攻击通过挖掘和利用命令序列之间的相关性来检测错误命令分发（wrong command attack，WCA）和错误命令序列（false command sequence，FCS）；第 6 章对协同攻击利用多类时间序列和多类事件序列之间的关联关系来识别和定位。第 7 章和第 8 章介绍关键基础设施的安全增强机制，其中第 7 章设计了一种层次式加密机制，为基础设施网络的信息空间提供分层安全保障，安全级别较高的节点可以通过应用哈希（Hash）函数对自己的密钥进行计算，获知与安全级别较低节点的通信密钥，同时提出一种用于控制数据的验证机制，避免攻击者通过篡改代码来控制物理设备；第 8 章提出一个用户友好的恒温家用电器负载调度算法，以此应对智能电网因被攻击而发生的突然变化。

需要说明的是，本书主要是对关键基础设施的信息物理融合特性和方法进行研究的成果，对社会域、信息域、物理域三个域之间的关联虽然有所涉及（如本书第 2 章），但并未系统展开阐述。作者团队正在系统研究关键基础设施社会域的对抗和构建以人为中心的安全模型，从而形成人、机、物多域一体化防御和智能对抗体系，有望对网络空间基础理论和安全科学的发展做出贡献。

本书由朱培栋教授与其指导的博士研究生共同完成，其中第 1 章由朱培栋编写，第 2 章和第 7 章由曹华阳编写，第 3 章由刘小雪编写，第 4～6 章由荀鹏编写，第 8 章由崔鹏帅编写；朱培栋教授与其他作者共同完成各章主要内容，并负责全书统稿和内容的编排。

在本书的编写过程中得到了很多专家和学界同行的关心、指导与帮助，在此表示最诚挚的谢意。书中的纰漏和错误，敬请各位同人不吝赐教。

目　录

第 1 章　概述 …… 1
1.1 国家关键基础设施 …… 1
1.1.1 国家关键基础设施的概念 …… 1
1.1.2 关键基础设施的组成结构 …… 1
1.2 国家关键基础设施的安全威胁 …… 2
1.2.1 关键基础设施的入侵模型 …… 2
1.2.2 关键基础设施数据安全特性及其挑战 …… 4
1.3 关键基础设施安全防御技术研究进展 …… 4
1.3.1 多域入侵检测技术 …… 4
1.3.2 数据注入检测方法研究现状 …… 6
1.3.3 安全增强机制 …… 8
本章小结 …… 10
参考文献 …… 10
第 2 章　基础设施网络渗透入侵模型 …… 12
2.1 基础设施的人、机、物融合特点 …… 12
2.2 目标系统及其安全威胁 …… 14
2.3 渗透式入侵模型 …… 15
2.3.1 网络化表示 …… 15
2.3.2 渗透式模型 …… 16
2.4 攻击效果分析 …… 19
2.4.1 衰减因子 β 对攻击效果的影响 …… 19
2.4.2 初始攻击强度 a_0 对攻击效果的影响 …… 20
2.4.3 网络结构对攻击效果的影响 …… 22
本章小结 …… 24
参考文献 …… 25
第 3 章　基于信息物理依赖度量的异常检测 …… 26
3.1 基于依赖关系检测异常的基本思想 …… 26
3.2 工业控制系统依赖关系分析 …… 27

3.2.1 直接依赖与间接依赖 ……27
3.2.2 信息物理依赖 ……28
3.2.3 依赖关系量化原理 ……28
3.3 信息物理依赖度量模型 ……29
3.3.1 交叉熵模型 ……29
3.3.2 控制-测量模型 ……30
3.4 基于依赖度量的异常检测方法 ……30
3.4.1 基于 KDE 的分布估计 ……30
3.4.2 计算依赖度量 D_{CE} 和 D_{CM} ……31
3.4.3 基于依赖度量的异常检测算法 ……31
3.5 基于依赖度量的异常检测方法实验评估 ……33
3.5.1 依赖分析 ……33
3.5.2 概率分布估计 ……34
3.5.3 异常检测评估实验 ……35
3.5.4 仅基于依赖度量的评估 ……36
3.5.5 仅基于 KNN 分类器的评估 ……37
3.5.6 依赖度量与 KNN 分类器相结合的实验评估 ……38
3.5.7 与现有工作比较 ……41
本章小结 ……42
参考文献 ……42
第 4 章 高级感知数据注入攻击的检测 ……43
4.1 信息物理系统模型 ……43
4.2 高级感知数据注入攻击模型 ……44
4.3 高级感知数据注入攻击下传统检测器效能分析 ……47
4.3.1 基于冗余的坏数据检测器效能 ……47
4.3.2 基于状态转换的检测器效能 ……48
4.3.3 基于机器学习方法的检测器效能 ……48
4.4 基于第一偏差的异构数据检测方法 ……50
4.4.1 处理异构数据 ……51
4.4.2 样本的产生 ……53
4.4.3 分类器 ……53
4.5 检测效果的仿真评估 ……54
4.5.1 智能电网仿真 ……54
4.5.2 罐系统仿真 ……59

本章小结 ……63
参考文献 ……64

第 5 章　命令拆分攻击模式及其检测 ……65

5.1　分层控制系统模型 ……65
5.2　命令拆分攻击模式及模型 ……67
5.2.1　WCA 模式 ……67
5.2.2　FCS 模式 ……70
5.2.3　数据驱动的检测方法效能分析 ……72
5.3　基于双层命令序列关联的检测框架 ……72
5.3.1　检测框架 ……72
5.3.2　关联挖掘和异常检测 ……73
5.4　仿真评估 ……75
5.4.1　场景 ……75
5.4.2　攻击案例 ……78
5.4.3　攻击效果 ……81
5.4.4　检测框架的有效性 ……87
5.5　增强检测框架的讨论 ……89
本章小结 ……90
参考文献 ……90

第 6 章　基于事件和时间序列关联的协同攻击检测 ……92

6.1　恶意攻击的复杂性 ……92
6.2　协同攻击及其检测要求 ……93
6.2.1　协同攻击模型 ……93
6.2.2　协同攻击检测难度分析 ……95
6.2.3　基于事件和时间序列关联的检测方法面临的挑战 ……96
6.3　检测器的总体设计 ……97
6.3.1　检测器工作流程 ……97
6.3.2　检测器的检测能力 ……97
6.4　检测器训练阶段的实现 ……98
6.4.1　关联挖掘 ……99
6.4.2　因果网络模型构造 ……103
6.5　检测器检测阶段的实现 ……104
6.5.1　异常识别 ……104
6.5.2　攻击目标定位 ……106

6.6 检测器的效能评估 ······ 107
6.6.1 智能电网环境中的检测器性能验证 ······ 108
6.6.2 多个攻击同时发起时的定位性能 ······ 109
本章小结 ······ 110
参考文献 ······ 110
第 7 章 层次式加密和控制数据验证机制 ······ 112
7.1 层次式加密机制 ······ 112
7.1.1 基础设施数据安全特点 ······ 112
7.1.2 数据安全威胁 ······ 114
7.1.3 层次式加密机制设计 ······ 115
7.1.4 性能评估 ······ 120
7.2 控制数据验证机制 ······ 123
7.2.1 SCADA 系统 ······ 123
7.2.2 基于 HMAC 方法的数据验证 ······ 124
7.2.3 性能评估 ······ 126
7.2.4 控制安全能力的进一步提升 ······ 127
本章小结 ······ 128
参考文献 ······ 129
第 8 章 智能电器安全控制协议 ······ 130
8.1 智能电网的稳定性 ······ 130
8.2 恒温电器简介 ······ 131
8.3 用户友好度指标 ······ 132
8.4 基于群体智能的负载调度 ······ 133
8.5 实验结果与分析 ······ 134
本章小结 ······ 139
参考文献 ······ 139

第 1 章　概　　述

国家关键基础设施（national critical infrastructure）是大规模人、机、物（社会、信息、物理）多域融合而成的复杂系统，如果受到有组织的恶意操纵与破坏，将会给人们的生产生活乃至国家安全带来严重影响。因此，针对安全威胁模型，结合关键基础设施的多域渗透与交互融合特点来系统深入地研究入侵检测技术与安全增强机制是非常迫切和必要的。

1.1　国家关键基础设施

1.1.1　国家关键基础设施的概念

国家关键基础设施是维持社会发展、人们生活、政府工作与国防建设至关重要的设施与服务。这些基础设施大多是大规模的网络化互联系统，交换着物质或能量，如生活服务方面有水、汽、热管网，能源设施方面有电网、石油和天然气管网，交通设施方面涉及城市道路、轨道、高铁等交通网络，此外，还有大型工业生产系统方面和军事设施方面等。

国家关键基础设施是典型的大规模分布式复杂 CPS，具有规模大、异构性、自治性、互依赖性和动态演化等特点。随着社会域人的因素与信息域、物理域的交互、渗透、融合，关键基础设施逐步成为信息、物理、社会多域网络融合而成的新型复杂网络 CPSnet。

大规模 CPSnet 一旦受到有组织的恶意控制与操纵，将会对人类社会赖以生存的基础设施造成灾难性后果。2010 年伊朗核电站等工业控制系统（industrial control system，ICS）、2011 年美国水厂等遭受的网络侵袭，2019 年委内瑞拉水电站遭受攻击，纽约变电站遭受境外信息部队攻击，印度核电管理网络和英国核电站等遭受攻击，彰显关键基础设施人、机、物融合所带来的安全隐患，以及有组织的网络攻击由信息域向物理域渗透产生的巨大危害。随着关键基础设施的信息化和网络化，这类新型多域融合网络的安全可控性研究需求更加迫切。

1.1.2　关键基础设施的组成结构

关键基础设施作为大型人造系统，往往采用监测与控制结构，如图 1.1 所示。系统操作员主要基于信息系统，通过传感器感知物理系统的运行状态，通过控制器调控物理系统的运行，物理系统的执行机构响应控制命令和返回运行结果。同时，系统操作员与物理系统有直接的接口，保留对物理系统的现场感知通道和特殊情况下的接管控制。

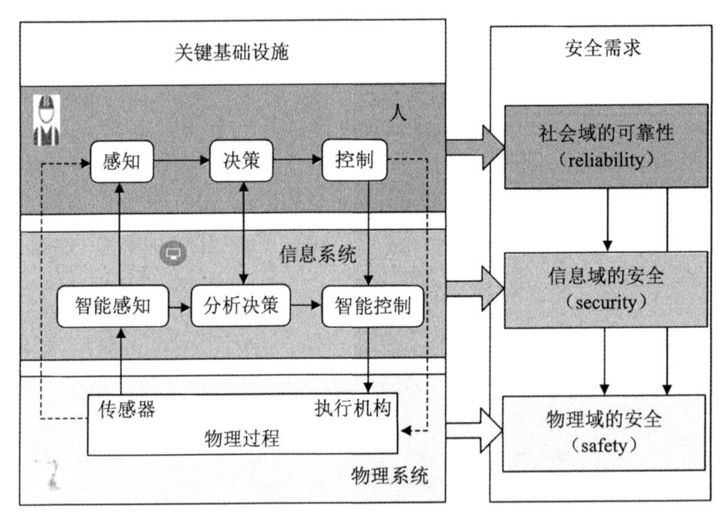

图 1.1 关键基础设施的监测与控制结构

从图中可以看出，关键基础设施的安全性，以整个基础设施持续提供服务的能力（capability）不被攻击者破坏为基本目标，以物理域的安全（safety）为根本，以信息域的安全（security）为手段，以社会域的可靠性（reliability）为入口。信息安全（cyber security）和物理安全（physical safety）融合形成 CPS 的网络安全（cyber safety），是安全技术的进步；进一步融入人因安全（human factor security），将促进 CPSnet 安全体系的构建，为网络空间安全的基础模型和基本理论做出贡献。

1.2 国家关键基础设施的安全威胁

近年来对关键基础设施领域安全性的研究逐渐增多，涉及电力、交通、自动控制、通信网络等不同领域和多个学科。攻击者往往通过跨域渗透进入基础设施，而且恶意程序的形态变异很快，从而使检测和识别更加困难。例如，卡巴斯基阻拦的工业自动化系统恶意软件，2018 年下半年只有 1700 个变种，而 2019 年上半年发现 3300 个恶意软件的 20800 个变种[1]。

1.2.1 关键基础设施的入侵模型

1. 攻击者对基础设施中人、机、物融合关系和多域属性的利用

攻击者为了对基础设施展开基于模型的攻击和高精准攻击，往往要对其操作员、信息网络、物理设施等人、机、物多域进行探测，从而利用各域的脆弱性形成攻击路径。2010 年震网（Stuxnet）蠕虫对伊朗核电站的攻击，充分利用了基础设施社会域、信息

域和物理域多种网络之间的关联与渗透，如图 1.2 所示。在侦察阶段，在外网基于鱼叉攻击选择操作管理人员作为攻击入口；在入侵阶段，人作为移动载体实现了内外信息网络的连接；在破坏阶段，通过回放、拒绝服务攻击等劫持或阻断员工对物理系统的状态感知；在恢复阶段，抑制信息系统的恢复能力和利用操作员的手动恢复缺陷。

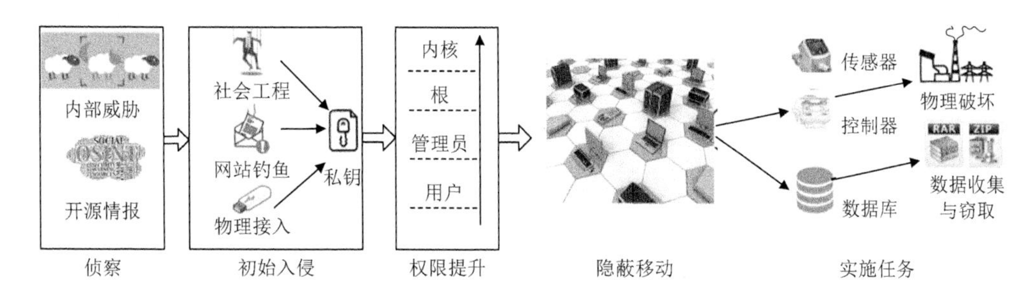

图 1.2 震网蠕虫等多域渗透攻击过程[2]

2. ICS 数据注入攻击

假数据注入（false data injection，FDI）是目前研究得最多和影响最广泛的基础设施攻击方式之一。FDI 是对基础设施的数据完整性进行攻击，并进而影响系统的可用性。图 1.3 所示是典型的 ICS 结构，包括控制节点（控制器）、传感节点（传感器）、通信系统等。对工业互联网的主要部分，可以发起 FDI 攻击。例如，直接修改传感器感知的数据，使传递到状态评估器的数据产生错误，进而导致控制器发出错误的控制命令；针对控制节点，可以在固件更新时向控制器注入错误控制命令，即假命令注入（false command injection，FCI）；针对通信系统，可以在信息传递过程中恶意修改控制命令和反馈的传感器数据。

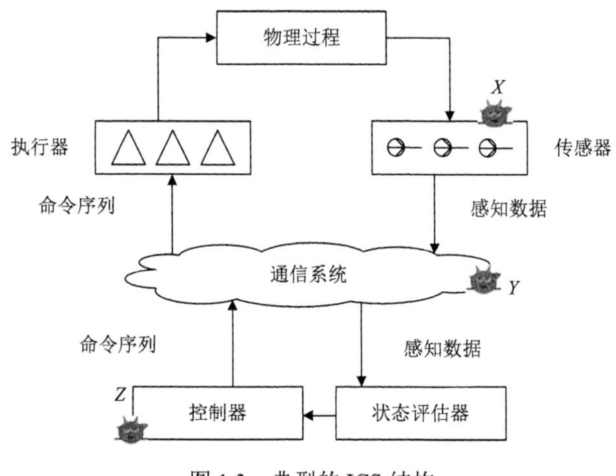

图 1.3 典型的 ICS 结构

除了错误数据注入、错误命令注入，对 ICS 还有一种延时攻击。延时攻击，是指通过增加传感数据或控制信号发送的时间延迟，影响控制过程；或者堵塞通信渠道，使命令和反馈数据不能传输到执行器和控制器，从而通过拒绝服务危及控制过程。

1.2.2 关键基础设施数据安全特性及其挑战

关键基础设施安全监测数据来自物理、信息和社会三个域。网络空间（cyberspace）就是社会域和物理域在信息域的映射与反映。利用多层信息网络（互联网、企业管理网、工厂生产网、车间控制网）和多域（社会域、信息域、物理域）数据子空间，通过跨域数据融合与协作增强感知，可以形成完整的基础设施数据空间（infrastructure data space）。数据在信息系统和物理系统的表现形态及其安全特性需求可能不同，这需要加深对数据在不同域语义的理解，是非常具有挑战性的工作。

目前，不同学科的研究者在基础设施安全方面的工作是分割的。例如，自动化专家主要从控制科学角度考虑恶意数据注入等引发的系统状态变化，网络安全专家主要考察计算机网络协议行为的异常，计算机科学家提出的 CPS 基础模型主要用于设计阶段分析验证，网络科学家主要从复杂网络角度考察关键节点识别和不同网络之间的依存关系对系统健壮性的影响。不同领域的专家提供了观察和解决基础设施安全问题的不同视角与途径，不同学科来源的数据子空间可用各自的语义子空间，整个基础设施数据空间采用的语义模型需要多个领域的专家共同定义。

另外，不同于传统的信息系统，关键基础设施的物理环境里许多组件计算能力差且存储资源非常少。因此，现有一些信息系统的防御策略不能直接用于关键基础设施的防御。

1.3 关键基础设施安全防御技术研究进展

关键基础设施的安全防御技术涉及网络结构优化、访问控制增强、脆弱性提前消减、入侵检测、态势感知和恢复响应等。下面主要介绍入侵检测技术和安全增强机制的研究进展，重点介绍数据注入攻击的检测技术。

1.3.1 多域入侵检测技术

入侵检测由早期单独信息域的攻击识别，逐步向基于物理域的入侵检测、信息物理融合的入侵检测和统一的安全控制发展。

1. 基于物理域的入侵检测

基础设施的信息网络流量模式比纯粹 IT 网络更规范、更稳定，单纯信息域的异常检测比较简单，但是有的恶意数据注入或命令篡改，通过网络流量模式、协议自动机或马尔可夫过程的分析都难以发现。因此需要对物理域进行分析或对信息域和物理域进行联合分析。

可以利用数据之间的关系对传感器数据或命令信息进行完整性检测。例如，使用传感器数据之间的线性相关性；基于命令和物理状态的一致性；挖掘命令之间的相关性；利用时域、空域或时空协同的完整估计，包括基于数据关系图的多传感器交叉验证（cross verification，CV）等。还可利用估计器对损坏的数据进行校正。

传感器数据反映的是物理系统的状态，对 FDI 的检测往往需要利用物理规律或工程知识。例如，在电力系统中，基于基尔霍夫定律使用主成分分析预处理就能将恶意数据降维后分离出来，累积求和算法利用电力潮流模型可识别异常[3]。

单纯基于物理域的数据检测存在局限性。例如，时域关联检测方法对运行状态不稳定的系统，空域关联检测方法对量测信号维数小于状态维数的系统、高度非线性或混沌系统，其测量值与预测值之间的残差没超过阈值，攻击者控制了所有传感器和执行器的情况，都难以或无法检测。

2. 信息物理融合的入侵检测

可以对数据流进行多层分析来进行信息物理融合的入侵检测。例如，在信息层，基于地址、收发端口、时延及其抖动等进行分析；在控制协议层，检测功能码及参数异常，防止协议执行不安全的命令或选项；在内容层，基于物理特性检测读写的具体数据。相应地，可将其分为语法级、语义级、语用级三级，如图 1.4 所示。也可以对物理传感器数据与信息流进行多模联合分析，例如，对监督控制与数据采集（supervisory control and data acquisition，SCADA）系统的监控网络数据与相位测量单元（phasor measurement unit，PMU）的数据进行融合分析[4]；基于物理系统拓扑与信息网络的关联性，将信息系统报警与物理系统相对标准值的残差进行综合评估[5]。信息物理融合的检测刚刚起步，在信息和物理异构数据的同构化、多源数据的关联分析、信息物理关联建模等方面还存在很多问题[6]。

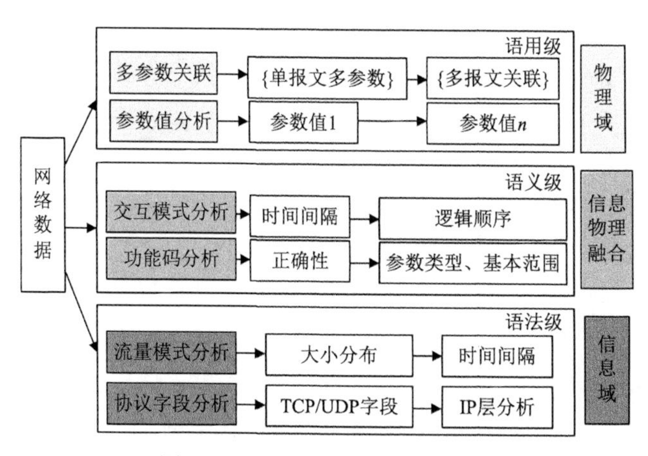

图 1.4 信息物理融合的入侵检测

1.3.2 数据注入检测方法研究现状

现有的 FDI 攻击检测方法可分为两类：基于模型的检测方法和数据驱动的检测方法。基于模型的检测方法是利用系统知识构建精准的模型，将特定数据输入模型，得到相关输出后，判断系统是否出现异常。数据驱动的检测方法不完全依赖系统知识，检测器相当于一个黑盒，完全依赖于数据的特点识别异常数据。

1. 基于模型的检测方法

（1）基于残差的坏数据检测器

在许多 ICS 中，状态评估器自带数据异常检测功能。状态评估器利用系统参数、系统状态和感知数据之间的相互关联构建模型，典型的检测方法是基于残差的坏数据检测器（bad data detector based on residual，BDD）[7]。

CPS 状态和传感器测量值的关系如下：

$$\boldsymbol{M} = \boldsymbol{HS} + \varepsilon \tag{1.1}$$

式中，$\boldsymbol{M}$ 表示传感器测量的数值集合，以向量形式表示；$\boldsymbol{H}$ 表示系统参数矩阵，在智能电网中表示线路拓扑；$\boldsymbol{S}$ 表示系统当前状态的向量；ε 表示每一个传感器的测量误差。

BDD 检测模型如下：

$$\|\boldsymbol{M} - \boldsymbol{HS}\|_2 \leqslant l_{\text{thred}} \tag{1.2}$$

式中，l_{thred} 为固定阈值，该值由防御者依据系统知识和经验设置。

若式（1.2）不能被满足，观测值和估计值之间的残差超过阈值，则认为发生异常，检测器认为感知数据被修改。

尽管 BDD 能够识别出许多感知数据注入攻击，但是，当攻击者注入的数据能够满足下式时，BDD 将无法识别入侵：

$$\boldsymbol{a} = \boldsymbol{Hb} \tag{1.3}$$

式中，$\boldsymbol{a}$ 表示对传感器数据注入的恶意数据向量；$\boldsymbol{b}$ 表示任意一组实数向量，一个典型的应用是智能电网中的负载分发[7]，每条线路的电流传感器组成状态向量，每条母线的电能构成感知数据向量；$\boldsymbol{H}$ 表示对应的线路连接拓扑。

为了识别这种隐蔽的入侵，检测引擎需要利用更多状态和知识。例如，基于传感器的时间序列模型检测异常，根据传感器或控制器的信号是否偏离物理系统的常规模型，或传感网络的熵值是否异动等。但是，目前的研究对工业系统的知识和规律的利用还非常简单。例如，电力系统主要基于基尔霍夫定律和欧姆定律等基本物理定律进行异常检测，而电力系统的连锁过载模型、继电保护系统的隐藏故障、发电机失速、瞬态失稳、电压崩溃等模型尚未充分用于攻击者存在的安全检测引擎中。另外，主要基于系统稳定性的影响来判定异常，但是攻击者可能利用稳定性破坏之后的故障处理机制。例如，电力系统出现故障后，继电保护作为第一道防线，切除发电机和切负荷作为第二道防线，然后是失步解列和功率紧急控制，以及大面积停电后的电源快速重启恢复，这些机制如果被攻击者利用，可能引发更大的故障。

（2）基于状态转换的坏数据检测器

在评估系统状态时，状态评估器能够识别出部分恶意注入的数据。然而，有的恶意注入数据会使状态评估器认为当前系统处于另外一个状态，因此有研究者提出基于状态转换的 BDD[8]。防御者对系统的实时状态构建状态转换路径，将正常运行下的状态转换标记为正常路径。一旦某一时刻的状态转换不属于已知路径，系统将会产生异常告警。

以式（1.4）为例，符号 s_i 表示第 i 个系统状态，在正常情况下系统会执行路径 Path1，当系统处于 s_{i-1} 状态时有错误数据注入，导致当前系统状态被评估为 s_j。从检测器的角度，系统当前正在执行 Path2 路径，而 Path2 路径从来没有出现过，所以出现异常。

$$\begin{cases} \text{Path1:}\ s_1 \to s_2 \to \cdots \to s_{i-1} \to s_i \\ \text{Path2:}\ s_1 \to s_2 \to \cdots \to s_{i-1} \to s_j \end{cases} \tag{1.4}$$

2. 数据驱动的检测方法

随着系统数字化和智能化的发展，数据驱动的检测方法越来越受到重视，依据数据的不同类型，它可分为感知数据检测、命令数据检测和混合数据检测。系统的控制命令是依据状态和执行的程序发出的，具有离散性，而感知数据可以看作连续的时间序列，具有连续性。

（1）感知数据的检测方法

感知数据的检测方法与状态评估器相似，通过分析传感器测量数据来检测数据注入攻击。因为传感器通常被认为是实时监测组件，所以其监测数据按照时间排序就构成了连续的时间序列。

文献[9]对历史数据进行分布统计，当新的感知数据输入检测器时，如果不满足历史数据的分布，检测器将会识别出异常。尽管该方法能有效识别大量异常数据，但无法应对系统状态转换所引起的正常数据偏离，可能造成极大的假阳性。除此以外，CPS 中存在大量传感器，使得分析时间开销以指数形式增长。

文献[10]和文献[11]将传感器的感知数据形成时间序列，并研究相邻单位时间段内整体的变化，进行异常检测。文献[12]使用机器学习的方法将感知数据进行分类，若感知数据不属于原来的类别，系统将报告异常。以上的方法利用了多个传感器的感知数据间存在的潜在关联，因此能够有效抵御攻击者对多个传感器的入侵。

（2）命令数据的检测方法

命令数据的检测方法主要有两类：分析同一时间内命令之间的关联和分析相邻时间内命令之间的关联。

文献[13]讨论了单位时间内同时出现的命令之间关联的挖掘方法，通过这种关联来构成检测模型。若某一时刻已经存在的关联被破坏，则出现异常。例如，在智能电网中，关闭直接负载和增加产能两个命令应该同时被控制器发出，当只有一个命令发出而另一个命令没有发出时，检测器将发出告警。

文献[14]描述了相邻时间段内命令出现的关联，通过这种关联来构成检测模型。若某一时刻已经存在的关联被破坏，则出现异常。例如，在智能开关系统中，正常情况下控制器先打开排除气体阀门，再打开输入气体阀门；如果先打开输入气体阀门，物理系统将发生爆炸。

如果攻击者在命令执行时修改控制信号，基于命令数据的检测方法将无法发现异常。

（3）混合数据检测方法

研究人员开始考虑同时利用两类数据去检测攻击，但是，两类异构数据的关联挖掘是困难的。文献[15]应用隐马尔可夫模型建立命令的发生和时间序列形状的对应关系。当一个命令被执行而对应的时间序列没有出现时，则发现系统异常。该方法利用感知数据与系统命令的关系来检测命令数据注入攻击，然而，当命令注入攻击发生的同时，感知数据注入攻击伪装成对应的数据形状，即进行协同攻击时，该种检测方法无法应对。

3. 现有数据注入攻击检测方法存在的不足

（1）对长期持续性攻击行为关注不够

尽管已有的检测方法能够在一定程度上实时保障数据的安全，但其只考虑数据在当前时间点的安全，而未从连续时间维度考察数据是否安全。如果攻击者已经持续入侵了基础设施并修改数据，现有的检测方法将无法保障数据的安全。

（2）数据多种形态的变化导致检测效率低

因为信息系统和物理系统的异构性，数据在信息系统和物理系统间的传输可能会改变形态。例如，控制命令在信息系统内以易于被软件理解的符号或者代码形式存在，而在物理系统内则更多以电信号形式存在。这种形态的差异可能导致两个不同系统内的检测器无法联合检测数据在传输过程中的篡改。

（3）攻击目标定位难

尽管数据驱动的检测方法在识别数据注入攻击引起的异常方面效果很好，但这种利用数据关联检测异常的方式，很难具体定位到被修改的数据。快速的攻击定位有助于系统快速恢复正常，因此研究如何定位攻击目标是必要的，也是迫切的。

1.3.3 安全增强机制

攻击者可以利用人的不可靠性、信息网络的时延和丢包等影响控制的稳定性，从人、机、物多域实现对基础设施系统功能的干扰、破坏。为了遏制或挫败攻击，防御者需要对基础设施的信息系统、控制系统和人员进行安全增强。

1. 入侵防御技术

由于数据注入攻击能够引起基础设施系统的严重破坏，因此防御数据注入攻击一直是研究热点，如增强系统的访问控制、通信加密、增加系统冗余路径、基于网络内数据合成技术的数据安全协议[16]、路由过滤技术[17]等。

2. 攻击容忍与弹性系统设计

可综合运用冗余、多样性和单组件强化技术来增强 ICS 的鲁棒性和安全性。在安全感知和攻击容忍的控制算法方面，文献[18]在攻击者资源有限和被攻击节点数目有限的情况下实现安全状态估计；文献[19]在控制器设计时引入干扰衰减因子 γ，通过对 γ 的取值使参数化的软约束二次型目标函数取极小值，保证了最差情况下的稳定控制。在弹性系统的设计方面，文献[20]自动生成子空间，实现电厂基于冗余的自适应容错；文献[21]采用一个主控制器和多个备用控制器基于 SDN（software defined networking，软件定义网络）技术实现对物理对象的弹性控制；文献[22]介绍了在检测到攻击时如何调整系统配置。

3. 信息物理多域协同的安全设计

物理域传统的容错设计相对成熟，如电力容错控制（fault tolerant control，FTC）技术有助于在突发事件发生时保持系统运行的可接受水平，已应用于广域阻尼控制电网、高压直流输电系统、多机电力系统等。信息安全条件下的物理安全问题，不但要考虑信息网络的 QoS（quality of service，服务质量）和可靠性等对控制稳定性的影响，还要考虑攻击者存在下的对抗性，例如，文献[23]提出部分数据丢失和存在延迟情况下实施邻近区域电力负荷频率控制的算法，体现了信息物理多域协同的安全设计；文献[24]将入侵检测系统的信息配置策略和动态系统的鲁棒控制相结合。信息物理多域协同的安全控制基本思想如图 1.5 所示，包括信息安全感知（security-aware）的控制功能增强和物理安全感知（safety-aware）的信息域防御，目前研究虽然有所进展，但是对信息域和物理域的安全关联与交互渗透的探究还很不充分，信息安全（security）与物理安全（safety）的一体化模型尚未成型。

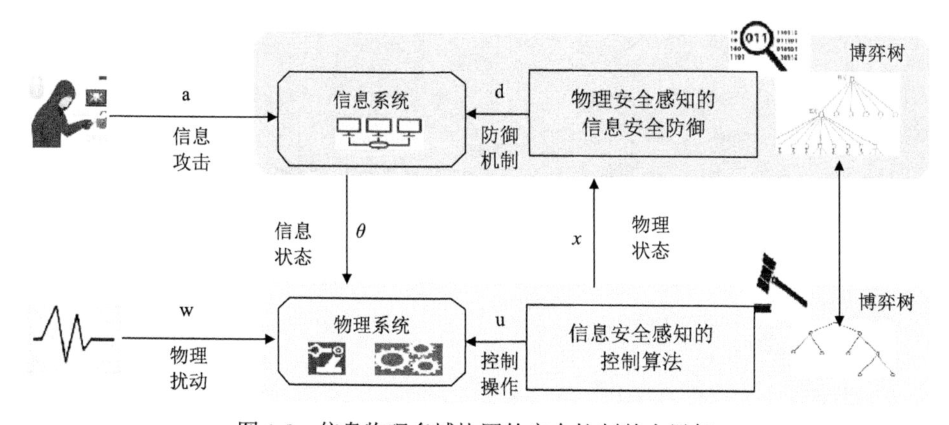

图 1.5　信息物理多域协同的安全控制基本思想

本 章 小 结

本章介绍了国家关键基础设施的概念及人、机、物融合的特点，分析了攻击者对基础设施中人、机、物融合关系和多域属性的利用，重点剖析了数据注入威胁模型。对入侵检测技术从两个维度来介绍，一是基于信息和知识的来源领域，分为基于物理域的入侵检测、信息物理融合的入侵检测等；二是基于检测的具体方法，分为基于模型的入侵检测、数据驱动的入侵检测等。这两个维度是可以交叉的，如物理域的入侵检测可以采用基于模型的方法或数据驱动的方法。安全增强机制包括信息域的安全防御技术，物理域的攻击容忍与弹性系统设计，以及信息物理多域协同的安全设计。在介绍研究进展的过程中，强调了现有安全技术研究所面临的挑战，本书后续各章介绍了应对这些挑战所做出的努力。

参 考 文 献

[1] Kaspersky ICS CERT. Threat landscape for industrial automation systems[R/OL]. (2019-09-30) [2020-06-11]. https://icscert.kaspersky.com/media/H1_2019_kaspersky_ICS_REPORT_EN.pdf.

[2] HUANG L N, ZHU Q Y. A dynamic games approach to proactive defense strategies against advanced persistent threats in cyber-physical systems[J]. Computers & Security, 2020, 89(2): 1-24.

[3] ZHANG J. Quickest detection of time-varying false data injection attacks in dynamic smart grids[C]// IEEE International Conference on Acoustics, Speech and Signal Processing(ICASSP). Brighton: IEEE, 2019: 2432-2436.

[4] JAMEI M, SCAGLIONE A, PEISERT S. Low-resolution fault localization using phasor measurement units with community detection[C]// IEEE International Conference on Communications, Control, and Computing Technologies for Smart Grids (SmartGridComm). Aalborg: IEEE, 2018: 1-6.

[5] LIU T, SUN Y, LIU Y, et al. Abnormal traffic indexed state estimation: a cyber-physical fusion approach for smart grid attack detection[J]. Future Generation Computer Systems, 2015, 49: 94-103.

[6] 刘烃，田决，王稼舟，等. 信息物理融合系统综合安全威胁与防御研究[J]. 自动化学报，2019，45（1）：5-24.

[7] YUAN Y, LI Z, REN K. Modeling load redistribution attacks in power systems[J]. IEEE Transactions on Smart Grid, 2011, 2(2): 382-390.

[8] PAN S, MORRIS T, ADHIKARI U. Developing a hybrid intrusion detection system using data mining for power systems[J]. IEEE Transactions on Smart Grid. 2015, 6(6): 3104-3113.

[9] QAHTAN A A, ALHARBI B, WANG S, et al. A PCA-based change detection framework for multidimensional data streams: change detection in multidimensional data streams[C]// 21th ACM SIGKDD International Conference on Knowledge Discovery and Data Mining. Sydney: ACM, 2015: 935-944.

[10] ZHANG C, ZHENG Y, MA X, et al. Assembler: efficient discovery of spatial co-evolving patterns in massive geo-sensory data[C]// 21th ACM SIGKDD International Conference on Knowledge Discovery and Data Mining. Sydney: ACM, 2015: 1415-1424.

[11] MATSUBARA Y, SAKURAI Y, FALOUTSOS C. AutoPlait: automatic mining of co-evolving time sequences[C]// ACM SIGMOD International Conference on Management of Data. Snowbird: ACM, 2014: 193-204.

[12] HINK R C B, BEAVER J M, BUCKNER M A, et al. Machine learning for power system disturbance and cyber-attack

discrimination[C]// 7th International Symposium on Resilient Control Systems (ISRCS). Denver: IEEE, 2014: 1-8.

[13] GUPTA C. Event correlation for operations management of largescale IT systems[C]// International Conference on Autonomic Computing(ICAC). San Jose: ACM, 2012: 91-96.

[14] LIU C, YAN X, YU H, et al. Mining behavior graphs for "backtrace" of noncrashing bugs[C]// SIAM International Conference on Datamining. Newport Beach: SIAM, 2005: 286-297.

[15] MELNYK I, BANERJEE A, MATTHEWS B, et al. Semi-markov switching vector autoregressive model-based anomaly detection in aviation systems[C]// 22nd ACM SIGKDD International Conference on Knowledge Discovery and Data Mining. San Francisco: IEEE, 2016: 1065-1074.

[16] YANG L, LI F. Detecting false data injection in smart grid in-network aggregation[C]// IEEE International Conference on Smart Grid Communications (SmartGridComm). Vancouver: IEEE, 2013: 408-413.

[17] YANG X, LIN J, MOULEMA P, et al. A novel enroute filtering scheme against false data injection attacks in cyber-physical networked systems[C]// IEEE 32nd International Conference on Distributed Computing Systems. Kanazawa: IEEE, 2012: 92-101.

[18] XIE C and YANG G. Secure estimation for cyber-physical systems under adversarial actuator attacks[J]. IET Control Theory & Applications, 2017, 11(17): 2939-2946.

[19] 庞岩，王娜，夏浩．基于博弈论的信息物理融合系统安全控制[J]．自动化学报，2019，45（1）：185-195.

[20] XU Y, KOREN I, KRISHNA C M. AdaFT: a framework for adaptive fault tolerance for cyber-physical systems[J]. ACM Transactions on Embedded Computing Systems, 2017, 16(3): 1-25.

[21] YOON S, LEE J, KIM Y, et al. Fast controller switching for fault-tolerant cyber-physical systems on software-defined networks[C]// IEEE 22nd Pacific Rim International Symposium on Dependable Computing (PRDC). Christchurch: IEEE, 2017: 211-212.

[22] HOROWITZ B M. Cyberattack-resilient cyber-physical systems[J]. IEEE Security & Privacy, 2020, 18(1): 55-60.

[23] CARDENAS A A, AMIN S, SASTRY S. Secure control: towards survivable cyber-physical systems[C]// 28th International Conference on Distributed Computing Systems Workshops(ICDCS). Beijing: ACM, 2008: 495-500.

[24] ZHANG P, YUAN Y, WANG Z, et al. A hierarchical game approach to the coupled resilient control of CPS against denial-of-service attack[C]// IEEE 15th International Conference on Control and Automation (ICCA). Edinburgh: IEEE, 2019: 15-20.

第2章　基础设施网络渗透入侵模型

各类关键基础设施网络相比普通计算机网络具有更多的隔离和限制措施，因而渗透式攻击是一种相对有效的攻击手段。下面从社会域、信息域、物理域融合的角度分析基础设施网络中渗透式攻击的特点，给出入侵威胁传播模型，评估对攻击效果产生影响的因素，并指出现有一般性防护措施的特点与不足。

2.1　基础设施的人、机、物融合特点

在现代社会生活中，各类关键基础设施扮演着举足轻重的角色，其安全性和可靠性需要得到保证。在信息领域，安全性通常指机密性、完整性和可用性；对于基础设施来说，安全性意味着物理设施不被破坏。与信息领域类似，可靠性是指基础设施具备提供持续稳定服务的能力。

传统上，基础设施的安全性和可靠性被破坏通常是偶发故障或者心存恶意的人直接破坏而造成的物理设施损毁，从而影响一定范围内基础设施提供服务的能力。然而，随着基础设施规模的扩大和标准化信息技术的广泛采用，基础设施正呈现出网络化的趋势，并面临来自网络信息空间的威胁。这方面的典型例子是大型电网项目。电网由发电、输电、配电及用电环节的许多网络构成，具有规模庞大、设备数量多、种类各异的特点。为了维持这类基础设施的正常工作，需要大量电力系统工作人员以及大规模的信息网络参与其中，因此现代电网将不再是传统意义上单纯的电力设施线路网络，而是横向上覆盖跨地域的多个网络域，纵向上包括维护人员、信息网络和电力线路网等人、机、物多域的统一整体。在该融合系统中，人员、信息网络和物理设施之间并不是简单的叠加，而是有机结合，相互影响。如图2.1所示，人员、信息网络及物理设施可分别定义为基础设施的社会域、信息域和物理域，不同域对象之间存在着映射、渗透和相互作用，可以把这样的网络叫作人机物融合网络（CPSnet）。除了电网，现代交通、军事指挥作战等网络也呈现出类似的特征，并且这种融合的特性也是各类基础设施的发展趋势。

在融合网络中，攻击者的威胁不再像以往那样只来自单一领域，并且攻击造成的危害也不再局限于单一领域。攻击者可能采用社会工程方法获取被攻击目标的内部信息，通过信息网络入侵目标系统，最终造成物理设施的损坏，也可能通过破坏某些关键物理设施，造成目标系统的信息网络瘫痪，或者危害目标系统中的人员安全并造成群体恐慌。

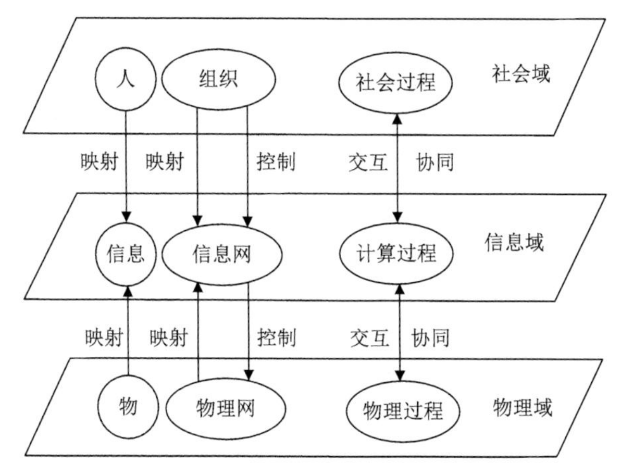

图 2.1　社会域、信息域、物理域间的交互

如图 2.2 所示，来自人员、信息、物理三个领域的安全威胁可以放入统一的坐标空间，一起构成对基础设施网络的来自网络空间的威胁集合。以图 2.2 所示的融合网络的观点看待网络安全问题，可以发现攻击者现在可以采用更加灵活的方式实施攻击。例如，位于信息域的扫描探测过程通常是各类网络攻击的先导，但是攻击者也可以从社会域着手，从工作人员那里窃取到目标系统内部网络信息，从而躲避了许多针对扫描和探测行为的安全机制的检查。

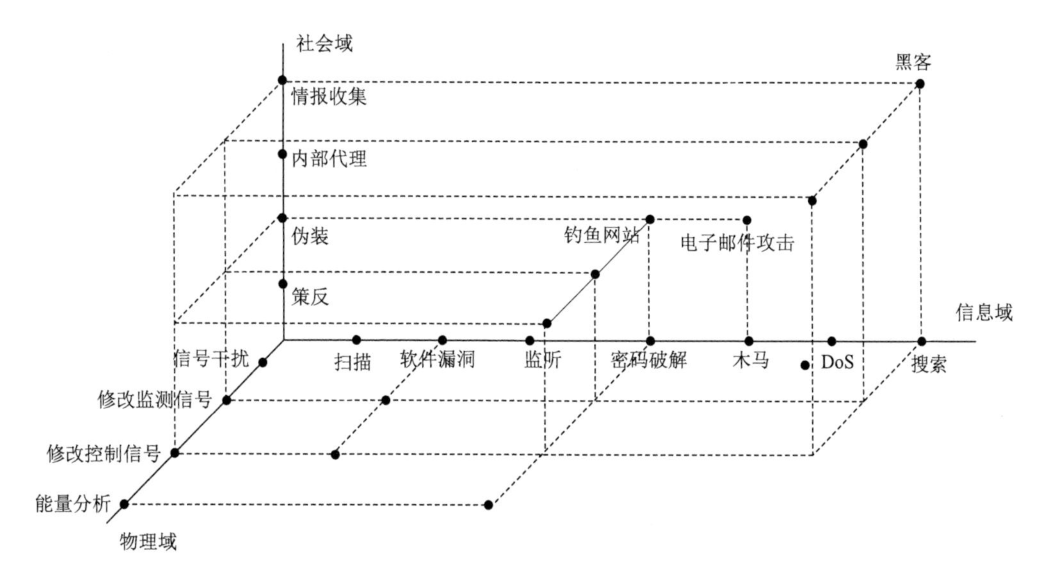

图 2.2　网络空间安全威胁

图 2.2 所示坐标空间具备扩展性，各个域的攻击方式可以自由组合，形成新的组合式攻击模式来规避传统的、单一的安防措施，从而实现渗透式攻击。由于各种攻击方式和安全威胁之间并不存在数学上的偏序关系，因此这里的坐标轴并没有标记方向。

在网络安全领域，以往的研究多关注信息域中的网络攻防，而将客观存在的物理世界忽略，以集中精力于信息域中某个安全问题的解决。如前所述，现在的网络空间已经不只包括信息网络，安全威胁可能存在于各种网络域。在日益庞杂的网络世界里，对关键目标系统的保护如果仍然只关注信息域中的威胁，则防御者和攻击者将处于不对称的地位，从而可能无法整体把握安全态势，错失保护目标系统的良好时机。近些年出现的高级持续威胁（advanced persistent threat，APT）攻击之所以被安全专家普遍关注，是因为这种攻击的指导策略是广泛利用各种渠道对目标系统进行渗透式攻击，通过巧妙的设计，使这些攻击行为在信息域的投影处于安全范围内，从而实现攻击目的。

这种新型的跨域渗透式攻击需要建立一个可供研究的模型，并从攻击者和防御者两方面探讨影响攻击效果的因素。在现实世界中，攻击者可能采取各种已知或未知的手段发起攻击，因此，对每一种攻击手段都建立模型进行分类描述是十分困难的。对基础设施网络安全问题进行初步探索时，可采用将攻击者的行为抽象为攻击信号的方式，以一个线性系统来对网络中攻击信号的传播建立模型。这样处理忽略了攻击者的具体攻击技术，而主要关注攻击威胁在网络层面上的渗透行为，并且通过对信号的叠加以及衰减处理，能够模拟基础设施网络中影响攻击效果的因素，并提供一种对攻击效果的定量分析手段。该模型考虑某基础设施网络面临的来自多个网络域的攻击，评估不同条件下网络遭受攻击的情况，并可提出在网络防护方面的建议。

2.2 目标系统及其安全威胁

一个典型的基础设施网络，通常包括内部工作人员、信息网络及底层工业控制网络，此外，还有一些临时接入的维护终端。图 2.3 是一个简单的基础设施网络示意图，其中包括了试图对基础设施实施攻击的外部人员。

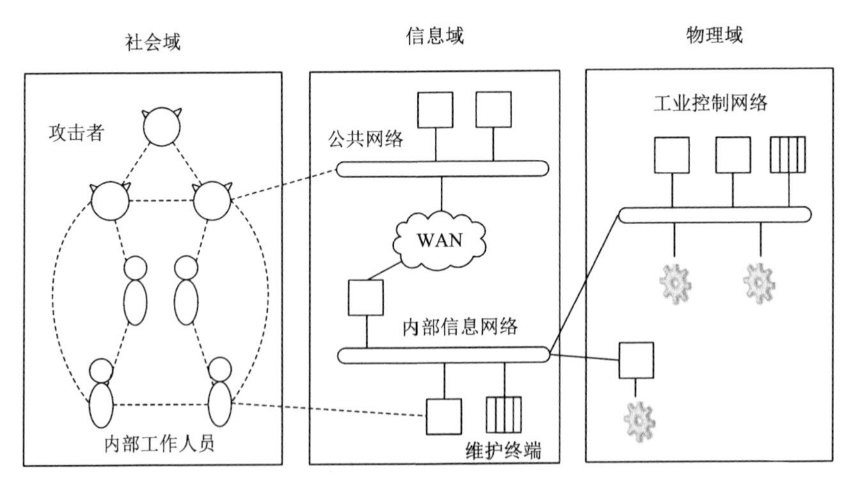

图 2.3 基础设施网络示意图

随着基础设施网络越来越多地采用信息技术，其中的信息网络一方面与底层物理设施连接从而行使监控功能，另一方面又与公共网络相连接，以便进行远程访问、数据获取和网络维护；同时，工程师出于维护目的而使用的笔记本计算机等终端也会随机接入网络系统；此外，现实世界中的社交网络使系统内的工作人员与外部人员之间产生各种联系，这些因素使得网络化的基础设施中存在多种网络连通渠道，而这些渠道可能被攻击者利用来进入基础设施网络。

可以看出，这里考虑的基础设施网络既包括信息网络，也包括社会域和物理域的网络，而攻击者的目的在于通过多域渗透、跨域攻击对底层物理设施实施破坏。对物理设施的破坏是危害最直接也是最严重的一种攻击行为，因为物理设施的破坏会造成许多社会服务的瘫痪，易引起连锁效应与次生灾害，并且与传统的计算机网络安全问题相比，此类攻击更难在短时间内修复。这里所述的多域概念，既指社会、信息和物理网络环境的划分，也指多个同类网络之间的划分（如同属信息网络的公共网络和内部信息网）。

对基础设施网络的攻击一般采用以下典型的攻击策略：攻击者一方面尝试利用公共网络进入目标系统的内部信息网络，另一方面通过社交网络与目标系统工作人员产生联系，尝试通过这些内部人员向目标系统渗透，此外，攻击者也可能直接指使人员从目标系统网络内部发起攻击（如内部人员攻击），这些攻击以网络信号（如控制数据）的形式进入基础设施网络中各个网络域。最终，通过各种方式传播的攻击信号在物理设施控制域（也就是基础设施网络的核心功能域）汇聚，如果攻击信号的强度（攻击效果）超过安全阈值，就会导致底层物理设备发生异常或者损坏，从而达到攻击目的。发生在 2010 年的震网蠕虫攻击伊朗核设施事件[1]就是上述攻击过程的一个典型例子。在这起事件中，黑客有组织地将蠕虫植入与目标系统有业务往来的第三方厂商设备中，经过潜伏式传播，最终渗透进入目标系统网络，并控制了底层物理设施控制器，发送错误控制信号使得核设施的离心机异常运转并损毁。

2.3 渗透式入侵模型

下面首先刻画关键基础设施的网络化模型，然后通过将攻击行为抽象为信号传递中的叠加和衰减等效应来构建渗透式入侵模型。

2.3.1 网络化表示

如前所述，攻击者对基础设施网络的渗透式攻击可以抽象为某种信号在网络内部的传播过程，攻击者的目的是使攻击信号进入核心的物理设施控制域，从而损毁物理设备。为了便于对基础设施网络中的攻击过程进行描述，需要将图 2.3 所示的系统用网络化表示，如图 2.4 所示。

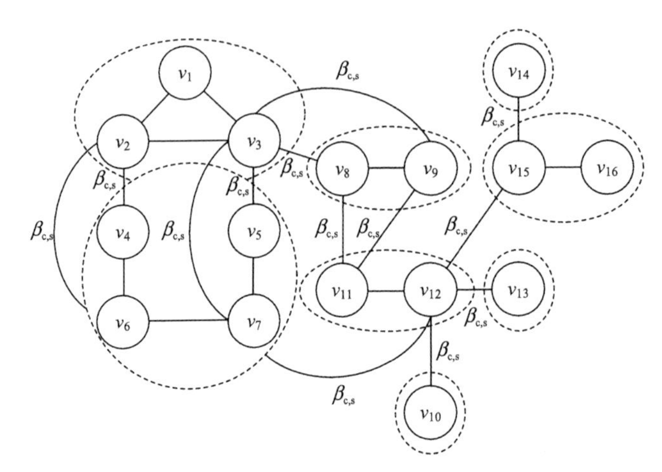

图 2.4　基础设施网络化表示

表 2.1 说明了图 2.4 中节点与图 2.3 所示基础设施网络中元素的对应关系。

表 2.1　基础设施网络化表示节点与基础设施网络中元素的对应关系

基础设施网络化表示	对应基础设施网络中元素
v_1，v_2，v_3	攻击者
v_4，v_5，v_6，v_7	内部工作人员
v_8，v_9	公共网络终端
v_{11}，v_{12}	内部信息网络终端
v_{13}，v_{15}，v_{16}	工业控制网络终端
v_{10}，v_{14}	临时接入终端

2.3.2　渗透式模型

系统中作为攻击目标的物理设施控制域处于正常工作状态时，其中的设备负责接收信息网络和维护终端发来的控制信号，并执行相应操作。假设基础设施中设备的工作状态符合线性模型，则具有 n 个节点的系统可以描述如下：

$$\boldsymbol{X}_{k+1}=\boldsymbol{X}_k+\boldsymbol{U}_k+w_k \qquad k=1,2,\cdots \tag{2.1}$$

式中，$\boldsymbol{X}_k,\boldsymbol{X}_{k+1}\in\mathcal{R}^n$ 表示系统状态；$\boldsymbol{U}_k\in\mathcal{R}^n$ 表示施加在系统上的控制信号；w_k 表示模型与真实情况间的差异。

例如，在式（2.1）中，考虑攻击信号存在的情况下，有 $\boldsymbol{U}=\boldsymbol{N}+\boldsymbol{A}$，即设备接收的信号包括正常控制信号 $\boldsymbol{N}$ 和异常控制信号 $\boldsymbol{A}$，其中 $\boldsymbol{A}$ 又可以细分为直接来自信息网络的异常信号和间接来自社会域的异常信号。又如，用 w 表示真实环境中的动态性和不稳定性，有 $w=\left|E\{w_k\}\right|\leqslant\delta_w$，$\delta_w$ 表示实际环境信号期望值的上界。

在渗透式入侵模型中，主要考虑攻击信号在基础设施网络中的传播情况，攻击信号的传播遵循以下两个原理。

1）衰减原理。在现实世界中，攻击者发起的渗透式攻击虽然能够实现跨网络域入侵，但是随着跨越距离的增加，攻击的效果会在跨域时衰减。例如，攻击者可能较容易在一个公共网络中获取多台主机的控制权或植入蠕虫病毒，但是在通过公共网络向内部网络渗透时，往往只能取得较少的权限，以及感染有限的内部主机。造成这种现象的原因一方面是信息在真实环境下传播产生的自然衰减；另一方面是由于防火墙等一般性安全措施的部署产生的隔离效果。

2）叠加原理。在渗透式攻击中，攻击者并不会仅尝试从单个入侵点实施攻击，而是会借助多种手段，从多个相关领域围绕目标展开攻击。多点协同式攻击可以在攻击过程中互相借力，产生叠加效果。例如，如果攻击者仅尝试利用互联网去攻破目标系统，那么攻击效果可能并不能到达目标系统的核心区域。但如果同时尝试通过目标系统的工作人员以及第三方厂商获取目标系统内部信息，或者在目标系统内散布木马病毒等恶意程序，则攻击成功的概率将大大增加。

根据衰减原理，可以通过攻击信号的减弱来描述这种攻击效果的衰减。在图 2.4 中，给每个跨域的网络连接添加两个衰减因子 β_c 和 β_s，分别表示该连接对信息域（cyber domain）攻击和社会域（social domain）攻击信号的衰减作用，当攻击信号在该连接上传播时会被添加因子为 β_c 和（或）β_s 的衰减；而同一网络域内攻击信号易于传输，因此规定同一网络域内的节点最终承受攻击信号的强度相同，且该强度取网络域内各个节点上攻击信号的最大值。此外，基础设施网络本身有机制保证合法信号的传输，可以认为合法信号 N 不会产生人为衰减。为了易于描述渗透式攻击对核心网络域（物理设施控制域）的攻击效果，只考虑攻击信号从外部网络域向内部核心网络域传播的情形，在图 2.4 中表现为总是从序号小的节点向序号大的节点传播。

根据叠加原理，可以通过攻击信号的合成来描述这种攻击效果的增强。在攻击信号传播时，一个节点接收到的所有非同源攻击信号会进行叠加，作为这个节点承受的攻击信号，如对于图 2.4 中的 v_{12}，它接收到的攻击信号来自与其直接相连的 v_7、v_{10} 和 v_{11}，于是有 $a_{12}=\sum\{a_7,a_{10},a_{11}\}$。

假设融合网络中的所有连接被跨域攻击所利用的概率相同，结合式（2.1），则发生在具有 n 节点融合网络中的跨域攻击模型可表述为

$$\begin{cases}\boldsymbol{X}_{k+1}=\boldsymbol{X}_k+\boldsymbol{U}_k+w_k\\ \boldsymbol{U}=\boldsymbol{N}+\boldsymbol{A}\\ \boldsymbol{A}=\boldsymbol{A}_0*\boldsymbol{I}+\boldsymbol{A}*\boldsymbol{\beta}*\boldsymbol{G}\end{cases} \tag{2.2}$$

这里为了便于描述，不对来自信息域和社会域的控制信号进行区分，并假设衰减因子一致取 β，β 在[0,1]区间，且越接近 0 表示对攻击信号的阻隔效果越好，越接近 1 表示攻击信号越容易通过。异常信号 $\boldsymbol{A}_0=\left(a_{0v1},a_{0v2},\cdots,a_{0vn}\right)$ 是攻击者对各个节点直接发起的攻击信号，如果节点 v_i 被攻击者直接攻击，则 $a_{0vi}=a_0>0$，否则 $a_{0vi}=0$，这里 $a_0\in\mathbf{R}^+$ 为攻击者初始攻击信号的强度。异常信号 $\boldsymbol{A}=\left(a_{v1},a_{v2},\cdots,a_{vn}\right)$ 表示节点最终承受的攻击信号，因此有 $a_{vi}>a_{0vi}$；$\boldsymbol{I}$ 是单位矩阵；$\boldsymbol{G}=\left[g_{i,j}\right]_{n\times n}$ 是图 2.4 所示网络的矩阵表示，由于

图 2.4 中攻击信号只从序号小的节点向序号大的节点传播，因此 **G** 是上三角矩阵，且 $g_{i,i}=0(i=1,2,\cdots,n)$。用 E 表示图 2.4 中的跨域边集（注意，E 不包括各个网络域内的边），则

$$g_{i,j}=\begin{cases}0, & i>j,(i,j)\notin E\\ 1, & i<j,(i,j)\in E\end{cases} \tag{2.3}$$

将 **G** 代入式（2.2）可以解得给定基础设施网络中攻击信号的分布情况，如对于图 2.4 所示网络，有

$$\begin{aligned}A=(&a_{0v1},a_{0v2},a_{0v3},a_{0v4}+a_{v2}\beta,a_{0v5}+a_{v3}\beta,a_{0v6}+a_{v2}\beta,a_{0v7}+a_{v3}\beta,a_{0v8}\\&+a_{v3}\beta,a_{0v9}+a_{v3}\beta,a_{0v10},a_{0v11}+a_{v8}\beta+a_{v9}\beta,a_{0v12}+a_{v7}\beta\\&+a_{v10}\beta,a_{0v13}+a_{v12}\beta,a_{0v14},a_{0v15}+a_{v12}\beta+a_{v14}\beta,a_{0v16})\end{aligned} \tag{2.4}$$

基于模型中的信号叠加原理和攻击者选择攻击点（attack point，AP）的方案，对 A 进行进一步处理，得到每个节点最终承受的攻击信号与攻击者初始攻击强度的关系，处理过程见算法 2.1。

算法 2.1 攻击信号强度评估算法

输入：基础设施网络域集合 $\{\mathrm{Net}_i\}$

攻击者攻击方案 $A_0=\{a_{0vj},\ j=1,2,\cdots,n\}$

输出：每个节点承受的攻击信号，结果以攻击者初始攻击强度 a_0 表达

BEGIN

FOR EACH unsolved $\mathrm{Net}_i=(V_{\mathrm{net}i},E_{\mathrm{net}i})$ **, from external zone to core zone**

IF ($V_{\mathrm{net}i}=\varnothing$)

Exit

ELSE

FOR EACH node $v_j\in V_{\mathrm{net}i}$

Solve a_{vj} **according to equation（2.2）**

based on a_{0vj} **and all solved** $a_{vx},v_x\in V_{\mathrm{net}y},\ y<i$

ENDFOR

FOR EACH node $v_j\in V_{\mathrm{net}i}$

Set $a_{vj}=\max\{a_{vk}\},\ v_k\in V_{\mathrm{net}i}$

ENDFOR

ENDIF

ENDFOR

END

不失一般性，假设对于基础设施网络中的节点 i，如果异常信号的强度大于阈值 γ_i，会导致该节点发生异常，从而系统内的节点状态监测机制能够察觉到此次攻击事件。为

了简化讨论，这里假设所有节点的阈值取值相同，均为γ。攻击者的策略是尽可能使被攻击目标节点处的攻击信号强度超过γ，而攻击路径上的非目标节点处的强度小于γ，从而实现渗透式攻击。

需要注意的是，攻击者也可能对系统的状态监测信号进行攻击，使监测系统在物理节点产生异常时无法察觉，这是一种信息物理协同的攻击。例如，伊朗核设施被攻击事件中，蠕虫感染 ICS 时也攻击了监测系统，使核设施内对离心机进行监测的系统返回了虚假的信号以迷惑管理员。基础设施网络可以通过设立冗余且独立的监测机制来尽量避免这种问题，因此暂不考虑网络攻击在监测环节的行为，而假设基础设施网络的监测系统良好工作，监测信号能够真实地反映系统中各节点的状态。

2.4　攻击效果分析

本节基于跨域渗透式入侵模型，考察在不同的基础设施网络条件下，渗透式攻击对核心网络域产生的攻击效果。

2.4.1　衰减因子 β 对攻击效果的影响

衰减因子β体现了基础设施网络中一般性安全机制对攻击信号的阻隔效果。基于 2.3 节的例子，假设攻击者从社会域的v_1、v_7以及外部信息域的v_{10}、v_{14}发动攻击，将物理设备节点v_{16}作为最终攻击目标，即

$$a_{0vi}=\begin{cases}a_0, & i=\{1,7,10,14\}\\ 0, & i=\{2,3,4,5,6,8,9,11,12,13,15,16\}\end{cases} \tag{2.5}$$

将式（2.5）作为攻击方案输入算法 2.1，可以得到：

$$\begin{aligned}A=\big(&a_0,a_0,a_0,a_0(\beta+1),a_0(\beta+1),a_0(\beta+1),a_0(\beta+1),a_0\beta,a_0\beta,a_0,a_0\beta(\beta+2),\\&a_0\beta(\beta+2),a_0\beta^2(\beta+2),a_0,a_0\beta\left(\beta^2+2\beta+1\right),a_0\beta\left(\beta^2+2\beta+1\right)\big)\end{aligned} \tag{2.6}$$

根据式（2.6），攻击者如果要达成攻击目的，则需保证$a_{16}\geqslant\gamma$，这里假设攻击者选取的初始攻击强度$a_0=\gamma/2$，于是有

$$\begin{cases}a_{16}=a_0\beta\left(\beta^2+2\beta+1\right)\\ a_0=\dfrac{\gamma}{2}\\ a_{16}=\gamma\end{cases} \tag{2.7}$$

求解式（2.7），可以得到此时衰减因子β的取值情况，接下来通过调整β来观察攻击信号在各个节点的分布情况，结果如图 2.5 所示。

前面提到，由于攻击信号在同一网络域内易于传播，因此规定节点信号强度取域内节点信号强度的最大值。从图 2.5 可以看到，整个网络中节点按照承受的攻击信号强度

被分为几组，同一组（同一网络域）内的攻击信号相同。由于衰减因子β的存在，信号在域间传播时会有损失，从而在各域形成不同强度的攻击信号。

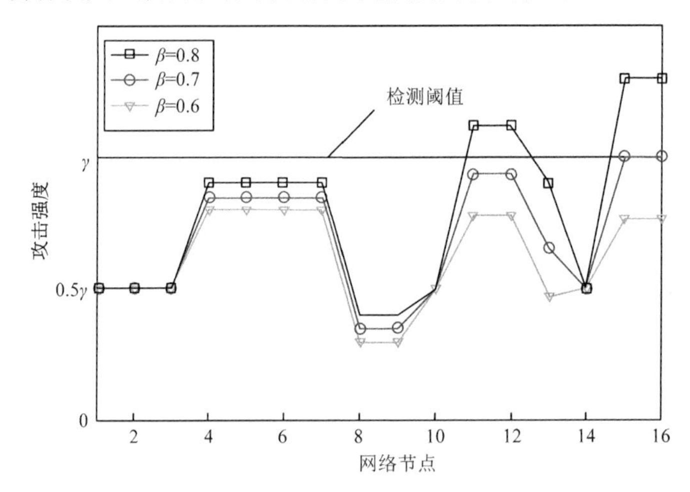

图 2.5　改变衰减因子时攻击信号的分布（$a_0=\gamma/2$）

图 2.5 中，当衰减因子$\beta=0.7$时，节点v_{15}、v_{16}处攻击信号强度为γ，而在传播路径上的其他节点处攻击信号强度均小于γ，于是攻击可以在不被提前发现的情况下到达最终攻击目标v_{16}。从防护者的角度来看，如果增大衰减因子（$\beta=0.8$），则攻击有可能在传播过程中被发现（v_{11}、v_{12}处攻击信号强度大于γ），但是如果因为某种原因（如节点状态监测信号被攻击而导致攻击未被发觉，或者系统没有采取有效措施制止攻击），攻击到达核心网络域设施v_{16}，将造成更大的破坏；而如果减小衰减因子（$\beta=0.6$），虽然可能在一定程度上减轻攻击对核心设施v_{16}造成的破坏，但是由于在所有节点的攻击信号强度均小于γ，攻击将在基础设施网络中长期潜伏而不被发现。

2.4.2　初始攻击强度a_0对攻击效果的影响

直观上来看，攻击者增大初始攻击信号强度会导致各个节点承受的攻击强度都有不同程度的增加，下面考察在图 2.4 所示的网络结构中增加攻击强度a_0给攻击效果带来的影响。

从图 2.5 和图 2.6（a）可以看出，如果攻击者减小初始攻击强度（$a_0=\gamma/4$），位于核心网络域的节点v_{16}有可能始终不会被有效破坏，因此可以说，在其他条件不变的情况下，攻击者的初始攻击必须达到一定强度才有可能跨域进入核心设施域达成有效攻击。此外，从图 2.5 和图 2.6（b）可以看出，如果攻击者增加初始攻击强度（$a_0=3\gamma/4$），则攻击在传播过程中造成的影响也将增加，从而被节点状态监测系统发觉。图 2.6 说明，对于给定的基础设施网络环境，攻击者需要选择合适的初始攻击强度才能达到攻击目的。

此外，从图 2.5 和图 2.6 可以看出，现有的一般性防护措施（以β表示）在应对各种强度的攻击威胁（以a表示）时均有一定程度的防护效果，但是在应对跨域渗透式攻击中的新型攻击手段时，由于各个防护点并不能完全消除威胁带来的影响，这种威胁在叠加效果的作用下，可能最终渗透进入核心网络域。

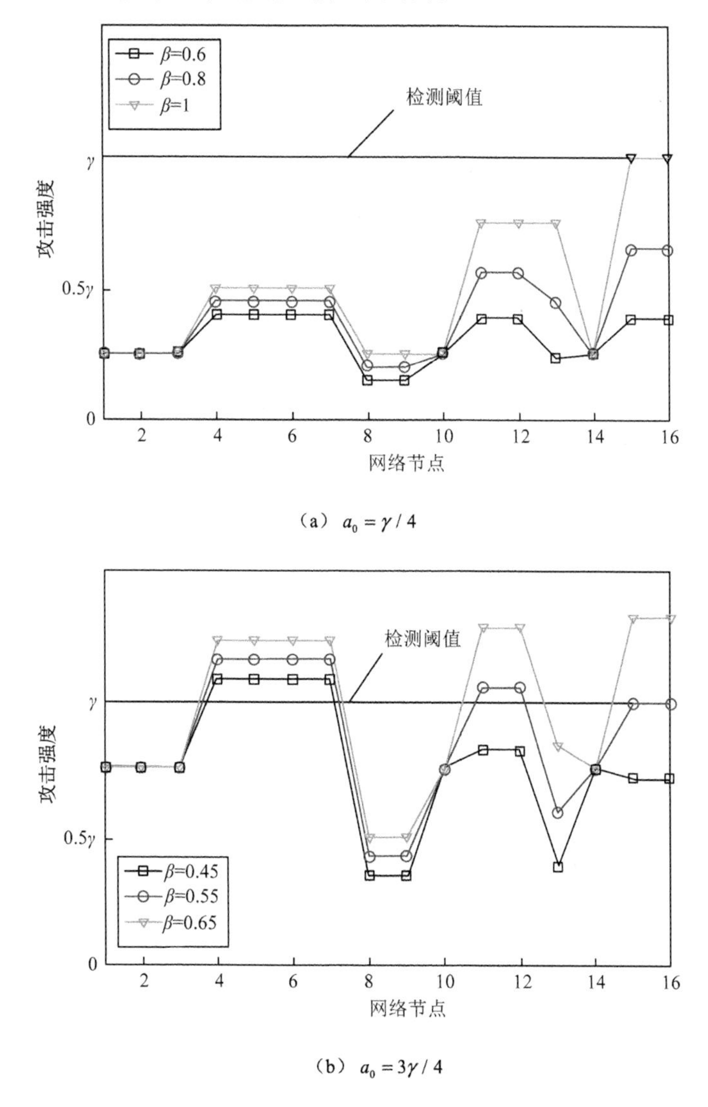

图 2.6　改变初始攻击强度时攻击信号分布

通过以上分析可知，现有的一般性防护措施采用传统计算机网络环境下的防护方式，在跨域连接处依靠自身能力对威胁进行识别和过滤，在应对渗透式攻击方面显得能力不足。因此为了应对渗透式攻击，防护措施应采用威胁免疫和协同防护两种方式。

（1）威胁免疫

威胁免疫是指通过内在安全机制的建设，实现对某类威胁的免疫，阻止威胁进入网络。威胁免疫在图 2.4 中表现为单个防护点对攻击信号的完全消除，使威胁不能够逐层渗透。具有威胁免疫能力是安全机制建设中所追求的终极目标。一般来说，实际的系统无法保证对所有威胁都能够免疫，因此这里只要求对某类威胁实现免疫。

（2）协同防护

协同防护是指将网络中各个节点联合起来应对入侵威胁，转变一般性防护措施中“各自为战”的策略为协同合作策略。当入侵威胁在网络内扩散时，各个节点之间互相合作，实现对威胁的准确感知，力争通过协同的方式对威胁进行识别并消除。

以上两种防护方式将明显改变渗透式入侵模型中的衰减和叠加状态。对于具体的某类入侵威胁来说，在网络中通过某节点（威胁免疫）或某些节点（协同防护）时将会被完全消除，从而不能利用叠加效果渗透进入核心网络域对关键基础设施造成严重破坏。

2.4.3 网络结构对攻击效果的影响

从上述实验结果可知，在不改变网络结构的情况下，改变网络间连接的衰减因子将同步影响攻击威胁和检测难度。从攻击者的角度出发，希望在达成攻击目的的同时，尽量减小传播过程中被发现的可能性；从防护者的角度出发，则希望攻击在到达核心设施之前就能够被监测到，并且攻击即使进入核心网络域，造成的破坏也是越小越好。直观上看，攻击信号的跨域传播应当和网络域间的连接情况（网络结构）有关，本节将通过实验来验证不同的网络结构对攻击效果的影响。

首先使用 UCINET 软件生成节点数为 50、密度（density）为 0.1 的随机图，按照节点的标号每 5 个一组作为一个网络域，一共生成从 1 到 10 共 10 个网络域，其中 10 号网络域（含节点 v_{46}～v_{50}）为核心网络域。规定攻击信号只能从标号小的网络域向标号大的网络域渗透，以此来刻画攻击者从外部网络向内部网络渗透的过程，并且和前面的实验条件保持一致。图 2.7 所示为 UCINET 软件生成的随机图。

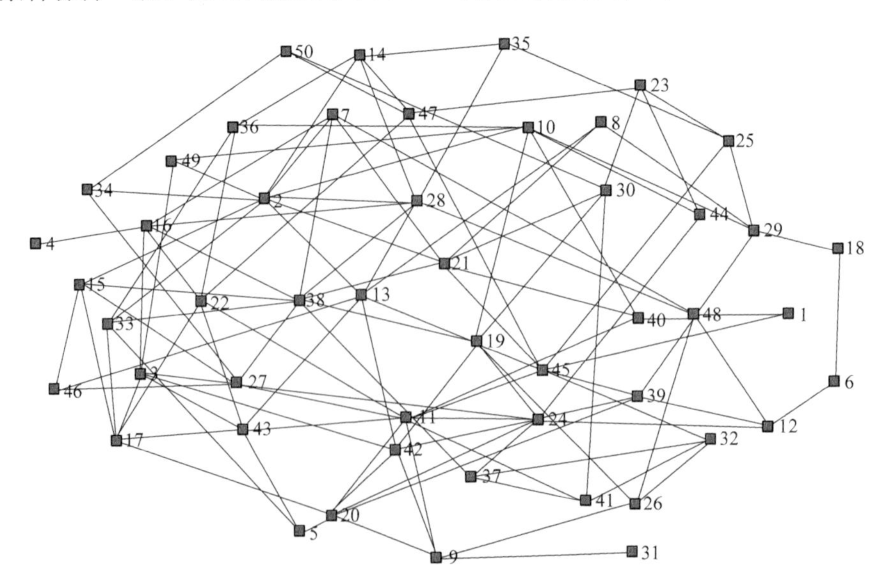

图 2.7 UCINET 软件生成的随机图（密度为 0.1）

在实验中，选取节点v_1、v_7、v_{24}和v_{44}作为攻击者发起攻击的入口节点。图 2.8 所示为攻击信号在图 2.7 所示网络中的分布情况。

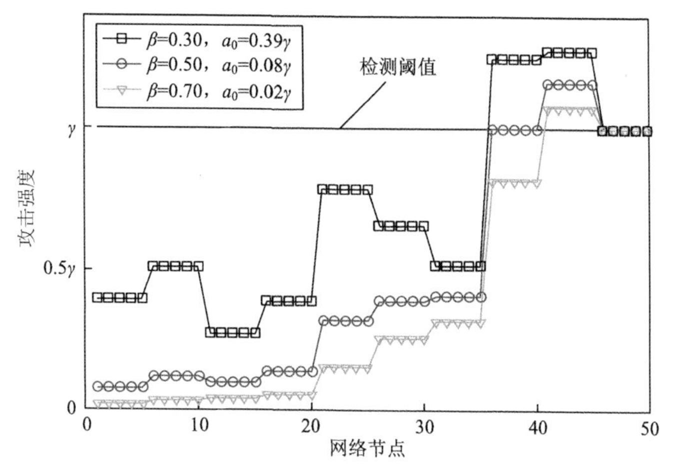

图 2.8　随机网络中攻击信号的分布情况

从图 2.8 所示的结果来看，在随机网络中，对于不同的衰减因子取值，攻击信号在大部分网络域的强度都不高，但是随着网络域的深入都呈现较快增长，并且在到达核心网络域之前可能超过检测阈值而被监测系统发现，这和前述实验中设置的典型基础设施网络结构具有一定的相似性。这种结构对于攻击者和防护者来说，都没有突出的优缺点。这是由于在随机网络中，虽然分布式的攻击信号在向核心网络域渗透的过程中存在叠加效果，但是由于衰减因子的存在，以及连接分布比较均匀的原因，相比其他网络域，这种汇聚效应在核心网络域表现得不是很明显。

下面考虑图 2.9 所示的类星状网络结构。星状网络结构在计算机网络拓扑结构中经常出现。图 2.9 中v_1～v_9为外部网络域节点，它们分成簇连接到核心区域的v_{10}、v_{11}和v_{12}，攻击者选择外部网络域的v_1、v_4、v_7和v_8发起攻击，图 2.10 中的曲线 1 展示了核心网络域遭到攻击时各网络域的攻击信号强度分布。可以看出，网络结构本身较强的汇聚特性，使得来自外部网络域的强度较低的攻击信号汇聚到核心网络后产生了较强的攻击信号，并且这种现象与攻击者的初始攻击强度没有关系，说明该网络结构本身对于攻击者是十分有利的。相反，如果在图 2.9 中将核心设备节点从v_{10}、v_{11}和v_{12}所在网络域移出，设置为v_{13}，以消除多域向核心域的汇聚效果，则此时的攻击信号强度如图 2.10 中曲线 2 所示，可以看出，由于核心节点仅接收有限外部节点的连接，从而实现了对外部信号更有效的屏蔽，此时在核心节点被成功攻击之前，外部具有汇聚特性的网络域中的节点v_{10}、v_{11}和v_{12}已经表现出明显的被攻击特征。这种情况下，攻击者成功的概率将被有效降低。

上述结果说明，基础设施网络结构对于多域渗透式攻击效果具有较明显的影响，攻击者可能利用网络结构更有效地实施攻击。即使对于结构相对稳定的基础设施网络，攻

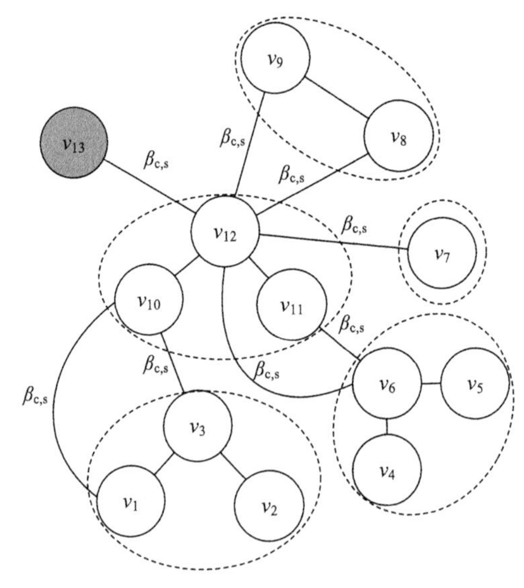

图 2.9　类星状网络结构

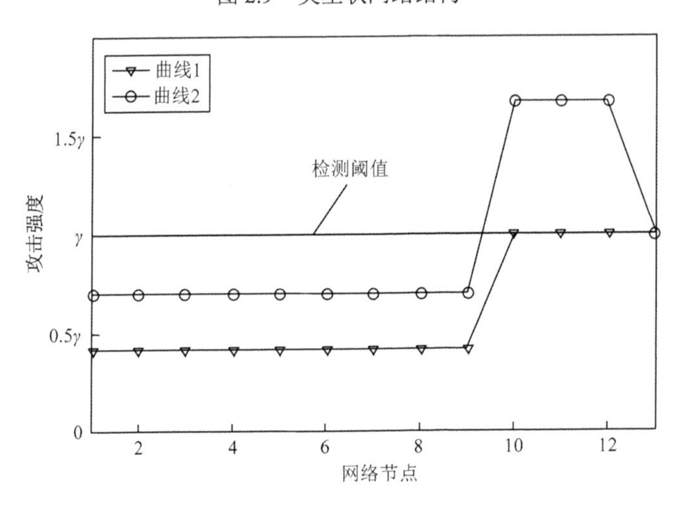

图 2.10　类星状网络攻击信号分布

击者虽然可能无法改变网络结构，但是通过充分的前期准备获知了目标系统的内部结构后，在攻击时有选择性地传播攻击信号，可等效地改变目标系统拓扑结构，实现有效攻击。从防护者角度来看，应当积极对网络结构施加影响，破坏攻击者依赖的汇聚型网络结构，从而更有效地保证基础设施网络安全。

本章小结

本章阐述了基于社会域、信息域和物理域的多域融合网络概念，给出了统一的网络空间威胁描述方法，对基础设施网络中的跨域渗透式攻击这一新型安全威胁进行了描述，建立了跨域渗透式入侵模型。作为基础设施网络安全模型方面的初步工作，通过将攻击效果抽象化为攻击信号的强度，简化问题表示，实现了一个可以量化研究的入侵模型。

基于该入侵模型，使用者通过给定目标网络环境、网络接入点，以及防护措施的部署情况，可以对网络可能遭受的渗透式入侵进行考察，评估基础设施网络重要设施遭受的威胁程度，从而采取相应的措施。

本章利用入侵模型从攻击者和防护者两个方面考察了一般性防护措施、攻击者攻击方案，以及网络结构对攻击效果的影响，指出了一般性防护措施的不足，提出了威胁预防、协同防护策略，以及改变网络结构等安全性建议，为后续工作的开展提供了理论依据。

参 考 文 献

[1] Symantec Security Response. W32.stuxnet dossier[R/OL]. (2010-11-01) [2020-06-11]. https://www.wired.com/images_blogs/threatlevel/2010/11/w32_stuxnet_dossier.pdf.

第 3 章　基于信息物理依赖度量的异常检测

工业控制系统（ICS）是典型的信息物理系统（CPS）。信息节点之间、物理节点之间以及信息节点与物理节点之间，存在不同类型的依赖关系。节点之间的依赖关系在 ICS 遭受攻击时可能发生变化，反过来，基于节点之间依赖关系的变化可以检测系统的异常。

3.1　基于依赖关系检测异常的基本思想

给定一个 ICS，若两个物理节点能够以物理手段进行连接，其测量值相互直接影响，则称两个物理节点相互直接依赖。若信息节点和物理节点相互直接依赖，则存在以下交互：信息节点向物理节点发送指令，对后者进行控制；物理节点执行指令，并将自己的状态及测量值发送回信息节点，用于分析及决策。如果信息节点并不直接向物理节点发送指令对其进行控制，但仍然相互影响，则称两个节点相互间接依赖。当出现异常或发生攻击时，ICS 节点间的依赖关系会受到影响并可能发生变化。

现有研究虽然涉及信息域与物理域协同的异常检测，但是并没有对信息域和物理域之间的关系模型进行清晰的刻画；现有方法面向特定环境下的特定问题，具有不同的特定约束，很难将这些方法进行一般化、通用化。机器学习算法中，特征间的相互关联[1-2]和互信息（mutual information）的概念[3-5]可用于降低数据集维度，类似地，可以基于 ICS 中信息节点和物理节点间的相互依赖关系，通过一般化的建模及量化，实现对攻击和异常的检测，尤其是对未知攻击的检测。

没有发生攻击与出现异常时，ICS 中的信息节点与物理节点以正常模式交互，进而保证 ICS 的正常状态。两个节点间的正常交互和依赖关系可以通过设计定量的依赖度量（dependence metric，DM）进行刻画及量化。已量化的依赖状态可被当作一个新的特征，用于机器学习算法的样本分析和分类识别。

然而，当一个节点被攻击或者发生异常时，由于节点间的直接或间接依赖关系，其他节点也将会被影响，从而节点间的交互及依赖状态也将会被改变。攻击者正是利用这种耦合依赖关系，实现从信息网络向物理设备的信息物理攻击。为实现对此类攻击的检测，使用依赖度量对 ICS 中信息、物理节点间的正常依赖关系进行刻画及量化，进而使用机器学习的方法对正常数据进行训练得到节点间正常的依赖值，并基于此对异常及攻击进行检测。

异常检测方法的实验基于安全水处理（secure water treatment，SWaT）测试床的数据集[6]。已有许多基于 SWaT 测试床的数据集的工作，包括多点网络攻击的分布式检测[7]，基于模型的安全分析[8]，使用过程不变量检测网络攻击[9]，非监督机器学习[10]、并发神经网络[11]和图模型[12]均被用于基于 SWaT 测试床的数据集的异常检测。基于依赖度量的 ICS 异常检测，使用有监督的机器学习分析样本，使用 KNN（K-nearest neighbor，K 最邻近）分类器识别攻击。

3.2　工业控制系统依赖关系分析

ICS 中节点间的依赖关系分为直接依赖和间接依赖。信息节点和物理节点之间的信息物理依赖（cyber-physical dependence，CPD），主要考虑物理节点之间的依赖关系，以及信息节点与物理节点之间的依赖关系。通过量化节点间的通信交互，实现节点间依赖关系的定量分析。

3.2.1　直接依赖与间接依赖

在一个 ICS 中，节点之间的连接可以通过物理连接或网络通信的方式建立。节点之间的连接会使节点间形成相互依赖关系，这种依赖关系包括直接依赖和间接依赖，如图 3.1 所示。

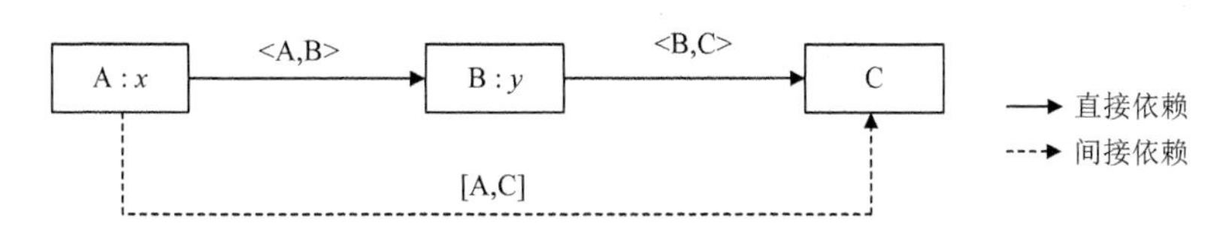

图 3.1　直接依赖和间接依赖

（1）直接依赖

ICS 中两个节点相互直接通信，若一个节点的测量值发生变化能够直接影响另外一个节点的测量值，则称这两个节点之间存在直接依赖关系。如图 3.1 所示，节点 A 与节点 B 的依赖关系和节点 B 与节点 C 的依赖关系为直接依赖，记为$< A,B >$和$< B,C >$，在图中用实线标记。

（2）间接依赖

两个节点虽然不能直接相互通信，但是一个节点测量值的变化仍然能影响另外一个节点的测量值，则称这两个节点之间存在间接依赖关系，或者这两个节点以一种间接的方式相互依赖。如图 3.1 所示，节点 A 与节点 C 的依赖关系为间接依赖，记为 [A,C]，在图中用虚线表示。

两个节点间的依赖关系是有方向的。例如，在图 3.1 中，直接依赖$< A,B >$的方向是从 A 至 B，这说明节点 A 的变化能引起节点 B 的变化，节点 B 依赖节点 A。

3.2.2 信息物理依赖

ICS 由众多的信息节点和物理节点组成。可编程逻辑控制器（programmable logic controller，PLC）是一类信息节点，能够发送指令控制其他设备；那些被 PLC 控制的节点一般是物理节点，可以执行指令。信息节点与物理节点之间的关系可以这样描述：信息节点发送指令来控制物理节点，以使物理节点的测量值处于正常范围；物理节点的状态测量值，会发送给信息节点进行分析；信息节点基于测量值做出决策，进一步发送指令对物理节点进行控制。

在图 3.1 中，节点 A 和节点 B 可以是信息节点或物理节点，x 和 y 分别是节点 A 和节点 B 的属性值。信息节点的变量值是整数值，用以代表不同的指令；物理节点的测量值是在某一确定范围内的动态值。主要考虑 ICS 中两种类型的信息物理依赖关系：①节点 A 和节点 B 都是物理节点，测量值 x 和 y 都是动态的；②节点 A 和节点 B 其中之一是信息节点，具有整数值，另外一个是物理节点，具有动态测量值。

如果节点 A 是信息节点，节点 B 是物理节点，那么：

一方面，节点 A 能够发送指令控制节点 B。当节点 A 的值改变时，即一个不同的指令从节点 A 发送至节点 B，节点 B 的测量值 y 将会发生改变。

另一方面，节点 B 的测量值 y 的改变会引起 x 的变化。如果物理节点 B 的状态发生变化，并超过一定阈值，信息节点 A 会发送指令 x 进行响应，以便保持节点 B 的测量值 y 处于正常范围。

此外，节点 A 可以成为一个指示器。例如，x 的不同值指示一个系统的不同安全等级（security level），测量值 y 的不同子范围对应不同的 x 值，即不同的系统安全等级。

3.2.3 依赖关系量化原理

可通过量化节点间的通信交互，实现节点间依赖关系的定量分析。如图 3.2 所示，节点 B 依赖节点 A，如果节点 A 发生变化，节点 B 将会受到影响。x 和 y 分别是节点 A 和节点 B 的测量值，通过监测 x、y 可获知节点 A、节点 B 的状态。$p(x)$ 和 $p(y)$ 分别是 x 和 y 的分布值。节点 A 和节点 B 可以是信息节点或物理节点且节点 A 和节点 B 之间的依赖可以是间接依赖或直接依赖。

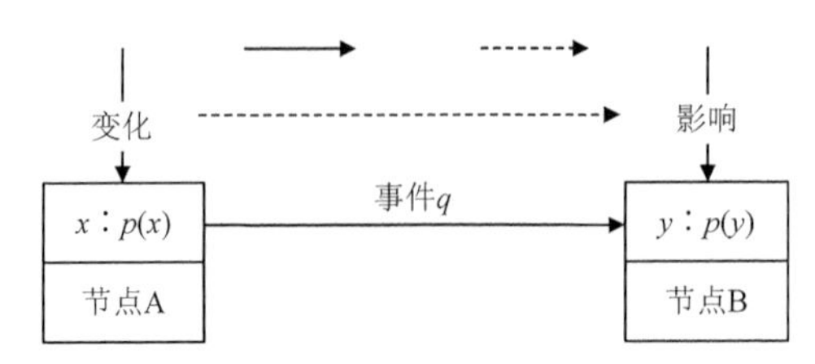

图 3.2　节点 B 依赖于节点 A

进一步，将测量值 x 的变化作为事件 q。由于节点 B 依赖节点 A，事件 q 将会经通信传递给节点 B 并引起测量值 y 的变化。因此，从节点 A 到节点 B 的依赖可以从以下角度进行量化：当 x 的变化引起 y 的变化时，从节点 A 到节点 B 会有多少通信量被引入；换句话说，事件 q 的发生将引起多少信息由节点 A 传递至节点 B。

（1）对两个物理节点间的依赖关系进行量化

节点 A 和节点 B 是物理节点，具有动态的测量值 x 和 y。没有攻击的情况下，x 和 y 处于一个确定的正常范围内，其分布 $p(x)$ 和 $p(y)$ 可以被评估。在有攻击的情况下，x 和 y 将会超过正常范围，$p(x)$ 和 $p(y)$ 也将会偏离正常的范围。为量化从 x 到 y 的依赖，可以运用信息论中交叉熵（cross-entropy，CE）的概念并基于已评估的 $p(x)$ 和 $p(y)$，来计算节点 A 和节点 B 间的依赖值。具体的数学计算模型将在 3.3 节给出。

（2）对一个信息节点和一个物理节点间的依赖关系进行量化

节点 A 是具有整数值 x 的信息节点，节点 B 是具有动态测量值 y 的物理节点，x 的不同值代表不同的指令或者不同的安全等级。每一个指令保证测量值 y 处于一个具体的正常子范围。因此，无攻击的情况下，在 x 的值和物理测量值 y 的子区间之间存在固定的一一对应关系，x 和 y 的正常分布 $p(x)$ 和 $p(y)$ 可以被评估。3.3 节将提出新的控制-测量（control-measure，CM）模型来具体计算这种依赖关系。

3.3 信息物理依赖度量模型

为了对信息物理依赖进行量化，需要建立依赖度量模型。计算物理节点之间的依赖度量采用交叉熵模型，信息节点与物理节点之间的依赖度量采用控制-测量模型。

3.3.1 交叉熵模型

交叉熵是一个来自信息论的概念，是指在最优编码下，将一个事件从一个分布 $p(x)$ 转换至另一个分布 $q(x)$ 所需的平均编码长度[13]。CE 模型的数学定义如下：

$$H_p(q)=\sum_{x}\left\{-q(x)\log_2\left[p(x)\right]\right\} \tag{3.1}$$

在图 3.2 中的节点 A 和节点 B，如果是两个物理节点，则分别具有两个动态的测量值 x 和 y。测量值 x 的变化作为一个事件，传输至节点 B 引起 y 的变化。应用 CE 模型对两个物理节点之间的依赖进行量化，并给出基于 CE 的依赖度量如下：

$$D_{\mathrm{CE}}(x,y)=\sum_{x,y}\left\{-p(x)\log_2\left[p(y)\right]\right\} \tag{3.2}$$

$D_{\mathrm{CE}}(x,y)$ 和 $D_{\mathrm{CE}}(y,x)$ 是两个相反的依赖，具有不同的依赖值。$D_{\mathrm{CE}}(x,y)$ 的方向是从 x 到 y，即 y 依赖 x；$D_{\mathrm{CE}}(y,x)$ 的方向是从 y 到 x，即 x 依赖 y。

3.3.2 控制-测量模型

CM 对信息节点和物理节点间的信息物理依赖关系进行量化。若节点 A 是具有整数值 x 的信息节点，节点 B 是具有动态测量值 y 的物理节点，则节点 A 和节点 B 之间的 CM 依赖关系如下：

$$D_{\mathrm{CM}}(x,y)=-\mathrm{e}^{x}\log_2\left[p(y)\right] \tag{3.3}$$

式中，x 的值为整数值，代表系统指令（或者系统安全等级）；y 是对节点 B 状态的测量；$p(y)$ 是动态测量值 y 的分布。

以上 CM 度量能够测量没有攻击的情况下，x 的值和 y 的子区间之间正常的一一对应关系，即信息节点的各指令对物理节点的动态测量值的控制关系。但是在攻击之下，例如，攻击者控制信息节点发送错误的指令，x 的整数值和 y 的子区间之间正常的固定对应关系将会被打破。然而，从整体分布看，x 的值是整数值，代表不同的指令，数值分布未发生变化；y 的测量值仍然可能会保持在正常范围内，从而 x 和 y 的分布 $p(x)$ 和 $p(y)$ 仍然没有变化。

举例来讲，节点 A 可以是一个水箱的控制节点，控制水箱阀门的打开和关闭；节点 A 的值 x 可以是 0 或 1，分别代表打开和关闭水箱阀门；水箱是物理节点 B，水箱内储水量的深度是动态测量值 y，假设水箱总深度为 100cm。当水深 y 在 0～90cm 时，节点 A 的值 x 为 1，表示水箱阀门被关闭并保持此状态；当水深 y 超过 90cm 并在 90～100cm 时，控制节点 A 向水箱 B 发送打开指令，x 的值变为 0。即 x 的值 1 与 y 的子区间 0～90cm 相对应，x 的值 0 与 y 的子区间 90～100cm 相对应。

基于以上对信息节点的值和物理节点的动态测量值之间的对应控制关系的刻画及量化，可以实现对异常和攻击的有效检测。

3.4 基于依赖度量的异常检测方法

基于依赖度量的异常检测方法，运用核密度估计（kernel density estimation，KDE）对动态测量值的分布进行估计，计算依赖度量 D_{CE} 和 D_{CM}，然后基于机器学习的方法进行样本学习和异常识别。

3.4.1 基于 KDE 的分布估计

计算动态测量值 $D_{\mathrm{CE}}(x,y)$ 和 $D_{\mathrm{CM}}(x,y)$ 时，x 和 y 的分布 $p(x)$ 和 $p(y)$ 是未知的，需要首先被估计，此时往往应用非参数化概率密度估计。KDE 是一个非参数化概率密度估计函数，可运用 KDE 对 $p(x)$ 和 $p(y)$ 进行估计。

在式（3.2）中，x 和 y 均为动态测量值，给定 $\boldsymbol{S}_x=(x_1, x_2,\cdots,x_s,\cdots,x_L)$（$1\leqslant s\leqslant L$）是动态变量 x 的 L 个独立测量值，$\boldsymbol{S}_y=(y_1,y_2,\cdots,y_t,\cdots,y_M)$（$1\leqslant t\leqslant M$）是动态变量 y

的 M 个独立测量值。$\boldsymbol{S}_x$ 的独立同分布是 $p(x)$，$\boldsymbol{S}_y$ 的独立同分布是 $p(y)$。基于 KDE，给出 $p(x)$ 和 $p(y)$ 的 KDE 估计，公式如下：

$$p(x)=f_h(x)=\frac{1}{L}\sum_{s=1}^{L}K_h\left(\frac{x-x_s}{h}\right)=\frac{1}{Lh}\sum_{s=1}^{L}K\left(\frac{x-x_s}{h}\right) \tag{3.4}$$

$$p(y)=f_h(y)=\frac{1}{M}\sum_{t=1}^{M}K_h\left(\frac{y-y_t}{h}\right)=\frac{1}{Mh}\sum_{t=1}^{M}K\left(\frac{y-y_t}{h}\right) \tag{3.5}$$

式中，K 是核函数，为非负函数，积分为 1；h 是一个平滑参数，称为带宽（bandwidth，BW）参数，$h>0$。带宽参数的选择会影响检测精确度，可通过评估选择合适的 h 值以实现最佳检测精确度；内核 $K_h=K/h$ 是一个缩放内核（scaled kernel）。

三角函数、单值函数和高斯函数等，都可用作 KDE 的内核函数。下面使用高斯函数作为 KDE 的内核，对所有独立同分布的样本值进行拟合，以估计动态变量值 x 或 y 的概率分布 $p(x)$ 和 $p(y)$。给定样本值 x_s（$1\leqslant s\leqslant L$）是动态测量值 x 的第 s 个样本。x_s 可以用带宽参数为 h 的缩放高斯内核函数（scaled Gaussian kernel）进行拟合，公式如下：

$$K_{\mathrm{Gh}}(x,x_s)=\frac{1}{2\pi g}\exp\left(\frac{x-x_s}{2hg^2}\right),\quad 1\leqslant s\leqslant L \tag{3.6}$$

式中，K_{Gh} 是高斯内核函数；h 是带宽参数；g 是拟合参数。在评估中，g 有给定的固定值，h 要多次评估，以发现实现最高检测精确度的理想带宽参数值。

3.4.2　计算依赖度量 D_{CE} 和 D_{CM}

在一个给定的 ICS 中，所有信息节点和物理节点都被监测并采集数据，包括信息节点的整数值。在图 3.2 中，考虑节点 A 的测量值 $x=\{x_1,x_2,\cdots,x_i,\cdots,x_p\}$（$1\leqslant i\leqslant p$）和节点 B 的测量值 $y=\{y_1,y_2,\cdots,y_i,\cdots,y_q\}$（$1\leqslant j\leqslant q$）。给定采集的 x 的测量值 $\boldsymbol{S}_x=(s_{x_1},s_{x_2},\cdots,s_{x_i},\cdots,s_{x_p})$ 和 y 的测量值 $\boldsymbol{S}_y=(s_{y_1},s_{y_2},\cdots,s_{y_j},\cdots,s_{y_q})$，$s_{x_i}$ 是变量 x_i 的测量值集合，s_{y_j} 是变量 y_j 的测量值集合。假设 $p=q$，x_i 和 y_i 之间、x_j 和 y_j 之间存在依赖关系，节点 A 和节点 B 之间的 D_{CE} 和 D_{CM} 的计算公式如下：

$$D_{\mathrm{CE}}(x,y)=\frac{1}{p}\sum_{i=1}^{p}p(x_i)\cdot\log_2\left[\frac{1}{p(y_i)}\right] \tag{3.7}$$

$$D_{\mathrm{CM}}(x,y)=\frac{1}{q}\sum_{j=1}^{q}\mathrm{e}^{x_j}\cdot\log_2\left[\frac{1}{p(y_i)}\right] \tag{3.8}$$

在式（3.7）和式（3.8）中，测量值 x_i 的分布 $p(x_i)$ 可通过式（3.4）基于 s_{x_i} 进行拟合，测量值 y_j 的分布 $p(y_j)$ 可通过式（3.5）基于 s_{y_j} 进行拟合。

3.4.3　基于依赖度量的异常检测算法

算法 3.1 描述了基于信息物理依赖度量的异常检测算法的具体步骤，该算法运用机器学习方法基于大数据集进行异常检测。节点 A 具有变量值 x，节点 B 具有变量值 y，算法 3.1 描述基于节点 A、节点 B 之间的依赖度量，实现对异常进行检测的过程。$S_{x\text{nor}}$ 和 $S_{y\text{nor}}$ 分别是变量 x 和 y 的正常数据训练集；$S_{x\text{test}}$ 和 $S_{y\text{test}}$ 是测试集，包括正常数据和异常数据。首先，使用正常数据集对 $p(x)$ 和 $p(y)$ 的正常分布进行估计，分别如式（3.4）和式（3.5）所示，进而运用正常数据集计算正常的 $d_{\text{CE}}[\text{normal}]$ 和 $d_{\text{CM}}[\text{normal}]$。

算法 3.1 基于信息物理依赖度量（DM）的异常检测算法

输入：变量 x 和 y 的正常数据训练集 $S_{x\text{nor}}$ 和 $S_{y\text{nor}}$，测试集 $S_{x\text{test}}$ 和 $S_{y\text{test}}$

输出：检测测试数据 $(x_{\text{test}}, y_{\text{test}})$ 是正常数据还是异常数据

Normal Data [$s_{x\text{nor}}$, $s_{y\text{nor}}$] for Training

1: Estimating $p(x_{\text{nor}})$ and $p(y_{\text{nor}})$

2: Estimate

$p(x_{\text{nor}}) = f_{\text{Gh}}(x_{\text{nor}})$ on $s_{x\text{nor}}$ Eq. (3.1)

3: Estimate

$p(y_{\text{nor}}) = f_{\text{Gh}}(y_{\text{nor}})$ on $s_{y\text{nor}}$ Eq. (3.2)

4: Calculating the DM on normal data $(x_{\text{nor}}, y_{\text{nor}})$

5: Calculate the

$d_{\text{CE}}[\text{normal}]$ on $(x_{\text{nor}}, y_{\text{nor}})$ Eq. (3.3)

6: Calculate the

$d_{\text{CM}}[\text{normal}]$ on $(x_{\text{nor}}, y_{\text{nor}})$ Eq. (3.4)

Normal / Attack Data [$s_{x\text{test}}$, $s_{y\text{test}}$] for Anomaly Detection

7: Calculate the DM on normal / attack data $(x_{\text{test}}, y_{\text{test}})$

8: **if** $(x_{\text{test}}, y_{\text{test}})$ are dynamic physical measurements

9: Calculate the

$d_{\text{CE}}[\text{test}]$ on $(x_{\text{test}}, y_{\text{test}})$ Eq. (3.5)

10: **else**

11: Calculate the

$d_{\text{CM}}[\text{test}]$ on $(x_{\text{test}}, y_{\text{test}})$ Eq. (3.6)

12:

13: **if**

$\left|d_{\text{CE}}[\text{test}] - d_{\text{CE}}[\text{normal}]\right| \leqslant e_1$

or

14: $\left|d_{\text{CM}}[\text{test}] - d_{\text{CM}}[\text{normal}]\right| \leqslant e_2$

15: $(x_{\text{test}}, y_{\text{test}})$ is normal

16: **else**

17: $(x_{\text{test}}, y_{\text{test}})$ is abnormal

进一步，运用测试数据，包括正常数据和攻击数据，基于训练后的依赖度量 D_{CE} 和 D_{CM} 对表中的异常检测算法进行评估。如果节点 A 和节点 B 都是物理节点，即 (x_{test}, y_{test}) 是动态测量值，计算 $d_{CE}[\text{test}]$。如果节点 A 和节点 B 中，一个是信息节点，另一个是物理节点，则计算 $d_{CM}[\text{test}]$。最后，检测测试数据 (x_{test}, y_{test}) 是正常数据还是异常数据。e_1 和 e_2 是检测阈值，可通过多次评估选择最理想的阈值，以实现最佳异常检测精确度。

3.5　基于依赖度量的异常检测方法实验评估

基于来自 SWaT 测试床的正常数据集和攻击数据集[6-7]，对基于依赖度量的异常检测方法进行验证和评估。

3.5.1　依赖分析

SWaT 测试床中水净化包括 6 个子过程，每一个过程都被 PLC 控制，它们的操作状态被监督控制与数据采集（SCADA）系统监测。过程 1（Process 1，P1）是生水提供和净化过程，过程 1 的系统节点模型如图 3.3 所示。

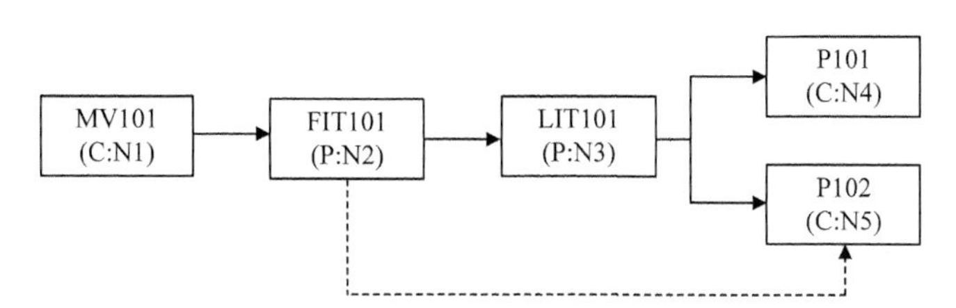

图 3.3　SWaT 测试床过程 1 的系统节点模型

图 3.3 中的节点包括自动阀门（motorized valve，MV），流指示发射器（flow indication transmitter，FIT），液面指示发射器（level indication transmitter，LIT），水泵（pump，P）。其中，MV101、P101 和 P102 是信息节点，它们的值是整数值；FIT101 和 LIT101 是物理节点，它们的值是在一定的范围之内的动态测量值。因此，应用式（3.3）所示的 CM 模型，对信息物理依赖关系 MV101-FIT101、FIT101-P102 和 LIT101-P101 进行量化；应用式（3.2）所示的 CE 模型，对物理-物理依赖关系 FIT101-LIT101 进行量化。表 3.1 列出图 3.3 中所有的直接依赖和间接依赖关系。

表 3.1　过程 1 系统模型节点间的直接依赖和间接依赖关系

直接依赖	<MV101-FIT101> <FIT101-LIT101> <LIT101-P101> <LIT101-P102>
间接依赖	[FIT101-P102]

3.5.2 概率分布估计

用 SWaT 测试床的正常数据来估计过程 1 中每个节点测量值的概率分布，并用高斯内核的 KDE 来估计各概率分布。

图 3.4 所示为信息节点 MV101 和物理节点 FIT101、LIT101 的测量值概率分布估计结果，各节点的评估带宽参数设置为 0.1、0.2、0.3。这三个节点的测量值被拟合至不同的范围，具有不同的峰值。以 MV101 为例，其分布被拟合至[0.0, 3.0]区间，两个峰值分别在 1.0 和 2.0 附近。

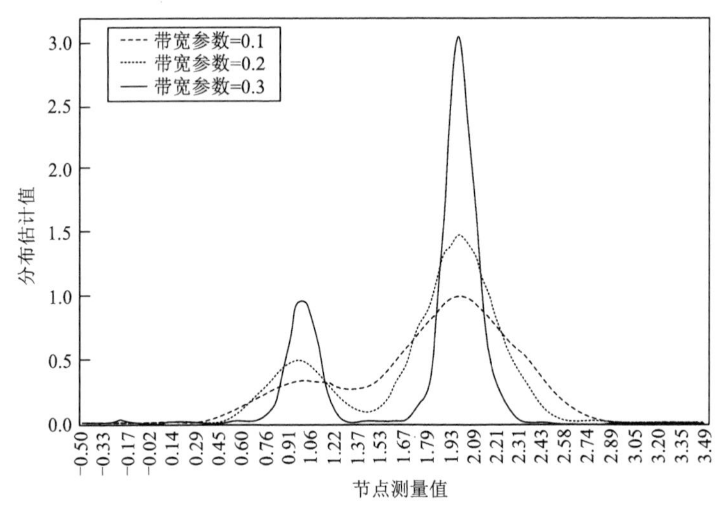

（a）节点 MV101

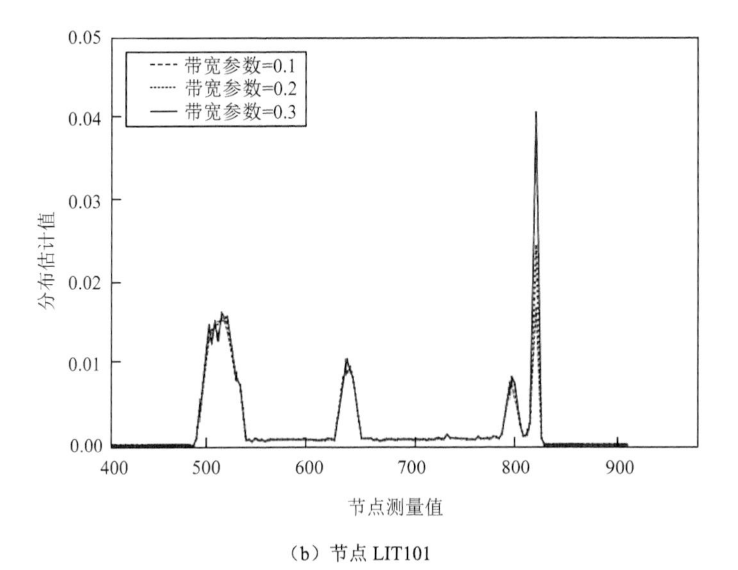

（b）节点 LIT101

图 3.4　节点估计概率分布图

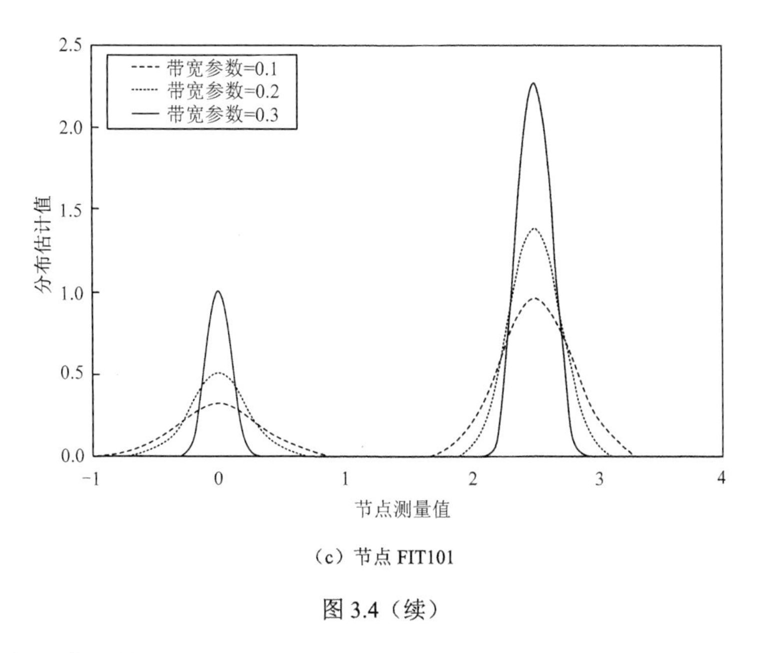

（c）节点 FIT101

图 3.4（续）

在不同的带宽参数值下，MV101 和 FIT101 的分布曲线不同，但 LIT101 的分布曲线基本保持不变，不受带宽参数的影响。由于用 MV101、LIT101 和 FIT101 的分布来计算 CM 度量 MV101-FIT101 和 CE 度量 FIT101-LIT101，因此可以认为，带宽参数能更多地影响基于 MV101 和 FIT101 的异常检测，较少影响基于 LIT101 的检测。

3.5.3　异常检测评估实验

使用来自 SWaT 测试床的攻击数据和正常数据，对基于依赖度量 D_{CE} 和 D_{CM} 的异常检测进行评估。异常检测评估由三部分组成：训练、交叉验证（CV）和检测。通过训练，获得 CE 度量和 CM 度量的正常范围，然后进行 CV 并选择理想的带宽参数值，被选择的理想带宽参数值通过攻击检测进一步验证。

使用表 3.2 中四类攻击数据进行异常检测的测试评估，四个攻击点（AP）分别是 MV101、P101、P102 和 LIT101，与表 3.1 中列出的直接依赖度量和间接依赖度量相关。

表 3.2　用于异常检测评估的 AP 信息

AP	初始状态	攻击动作	实际变化	期望影响
MV101	关闭	打开	是的	水箱溢流
P101	开着	关闭	是的	流出停止
P102	关着	打开	是的	管道爆裂
LIT101	水位在 L 和 H 之间	每秒增加 1mm	不是	水箱下溢，损坏 P101

使用 20000 个正常数据进行训练，使用 4000 个正常数据（CV-normal）、200 个攻击数据（CV-attack）进行交叉验证，用于训练及交叉验证的正常数据集不同。用多个带宽参数值对数据集进行训练，并计算每一个 CE 及 CM 度量的正常范围，这些结果将会用

于交叉验证和攻击检测。

需要指出的是，CV 数据集是从整个 SWaT 测试床的数据集中随机选出的，可能并不靠近表 3.2 中的攻击节点，因此存在这样一种可能：即使 CV 精确度较低，基于依赖度量的攻击检测也能取得较好的精确度。

每个依赖度量都分别通过 CV 数据集进行验证，并通过表 3.2 中的攻击数据进行检测。对于 CV，定义“正常”是 positive；对于攻击检测，定义“攻击”是 positive。进而，通过以下三种方式对算法 3.1 中基于依赖度量的异常检测算法进行评估：①仅基于依赖度量对攻击进行检测；②仅运用 KNN 算法进行分类和异常检测；③通过对数据集预处理并计算节点间的依赖度量，将依赖度量与 KNN 结合起来对攻击进行检测。评估结果分别在 3.5.4～3.5.6 节描述。

需要指出的是，尝试几种机器学习算法，包括 KNN、支持向量机（support vector machine，SVM）和 K-means。评估结果显示仅 KNN 能够对 SWaT 测试床的数据集实现较好的分类，当与依赖度量相结合时，也仅有 KNN 能够实现较好的检测性能。可能的解释为：物理变量是动态连续的，变量间的依赖关系是动态的，SVM 和 K-means 分类器很难对依赖度量进行分类，而 KNN 分类器可以。因此，后面仅阐述基于 KNN 的评估检测结果。

注意： *在以下异常检测结果的表格中，“BW”表示“Bandwidth”，“CV-normal”表示正常数据用于 CV，“CV-attack”表示攻击数据用于 CV。*

3.5.4 仅基于依赖度量的评估

表 3.3～表 3.5 是仅基于依赖度量时 CV 及攻击检测的评估结果，被评估的依赖度量是 FIT101-LIT101 间的直接 CE 度量、MV101-FIT101 间的直接 CM 度量和 FIT101-P102 间的间接 CM 度量。此外，对 LIT101-P102 间的直接 CM 度量进行评估，但发现仅基于这一度量基本无效。

表 3.3 是基于 FIT101-LIT101 的直接 CE 度量的交叉验证和攻击检测的评估结果。可以看出，检测精确度随不同的带宽参数值而不同。对于 CV，当带宽参数值为 1.0 和 1.5 时，检测性能最佳。此时，对于表 3.2 中的所有攻击，基于 FIT101-LIT101 的检测精确度能达到最高。

表 3.3 基于 FIT101-LIT101 的直接 CE 度量 CV 和攻击检测的评估结果

BW	CV-normal	CV-attack	AP: MV101	AP: P102	AP: LIT101	AP: P101
0.5	0.748	1.0	1.0	1.0	1.0	1.0
1.0	0.978	1.0	0.947	1.0	1.0	1.0
1.5	0.996	1.0	0.947	1.0	1.0	1.0
2.0	0.860	1.0	0.780	0.211	0.872	1.0

续表

BW	CV-normal	CV-attack	AP: MV101	AP: P102	AP: LIT101	AP: P101
2.5	0.860	1.0	0.780	0.211	0.872	1.0
3.0	0.860	1.0	0.633	0.211	0.872	1.0

表 3.4 是基于 MV101-FIT101 的直接 CM 度量的 CV 和攻击检测的评估结果。可以看出，当带宽参数在 0.1～0.4 时，CV 的检测精确度能达到 100%；然而，无法检测 P102 上发生的异常。

表 3.4　基于 MV101-FIT101 的直接 CM 度量 CV 和攻击检测的评估结果

BW	CV-normal	CV-attack	AP:MV101	AP:P102	AP:LIT101	AP:P101
0.1	1.0	1.0	0.624	0.0	0.616	0.624
0.2	1.0	1.0	0.990	0.0	0.988	0.990
0.3	1.0	1.0	1.0	0.0	1.0	1.0
0.4	1.0	1.0	0.337	0.0	0.295	0.337
0.5	1.0	1.0	0.0	0.0	0.0	0.0

表 3.5 是基于 FIT101-P102 的间接 CM 度量的 CV 和异常检测的评估结果。可以看出，FIT101-P102 间接度量无法实现较好的检测精确度，也无法检测所有的攻击。对节点 P102 处攻击的检测精确度为 71.3%，远高于对节点 P101 处攻击的检测精确度。然而，无法检测对 MV101 和 LIT101 的攻击，这两个节点并未连接至 FIT101-P102。

表 3.5　基于 FIT101-P102 的间接 CM 度量的 CV 和异常检测的评估结果

BW	CV-normal	CV-attack	AP:MV101	AP:P102	AP:LIT101	AP:P101
1.1	0.0025	0.0	0.0	0.0	0.0	0.4950
1.2	0.266	0.0	0.0	0.713	0.0	0.3860
1.3	0.266	0.0	0.0	0.713	0.0	0.3370
1.4	0.266	0.0	0.0	0.713	0.0	0.2570
1.5	0.0025	0.0	0.0	0.0	0.0	0.1980
1.6	0.0025	0.0	0.0	0.0	0.0	0.1580
1.7	0.0025	0.0	0.0	0.0	0.0	0.0990
1.8	0.266	0.0	0.0	0.713	0.0	0.0690
1.9	0.266	0.0	0.0	0.713	0.0	0.0590
2.0	0.0025	0.0	0.0	0.0	0.0	0.0396

3.5.5　仅基于 KNN 分类器的评估

仅应用 KNN 分类器对来自 SWaT 测试床过程 1 的数据进行分类，采用的分类特征向量是[MV101, FIT101, LIT101, P101, P102]，由各节点的测量值组成，而未考虑它们之间的依赖。使用正常数据和攻击数据对 KNN 分类器进行训练。

从表 3.6 中可以看出，当带宽参数是 1.1 或 1.2 时，KNN 分类器对 MV101 和 P101 的攻击检测精确度为 100%，但是对 LIT101 的检测准确度不高。然而，当带宽参数为 1.0 时，KNN 分类器对 LIT101 的攻击检测有最佳精确度，达到 98.9%，但是无法检测 P101 的攻击。因此，难以发现一个统一的带宽参数值能够使 KNN 分类器实现对所有攻击的有效检测。

表 3.6　仅基于 KNN 分类器的异常检测评估结果

BW	CV-normal	CV-attack	AP:MV101	AP:P102	AP:LIT101	AP:P101
0.6	0.856	0.340	0.982	0.182	0.982	0.0
0.7	0.662	0.365	0.970	0.178	0.970	0.089
0.8	0.856	0.330	0.993	0.234	0.993	0.0
0.9	0.870	0.3275	0.988	0.165	0.988	0.009
1.0	0.867	0.5113	0.989	0.238	0.989	0.0
1.1	0.865	0.4975	1.0	0.186	0.748	1.0
1.2	0.871	0.4888	1.0	0.182	0.702	1.0
1.3	0.896	0.374	0.0	0.384	0.682	1.0
1.4	0.871	0.364	0.0	0.218	0.717	1.0
1.5	0.874	0.365	0.0	0.214	0.721	1.0

KNN 分类器无法较好地实现对 P102 的攻击检测，检测精确度仅在 20%左右。因此，可以推测节点 P102 可能未被很好地监测，需要进一步检查。

当带宽参数为 1.0 时，CV-normal 的检测精确度为 86.7%，CV-attack 的检测精确度为 51.13%。KNN 分类器不能很好地验证随机选择的 CV 数据对节点的攻击。

3.5.6　依赖度量与 KNN 分类器相结合的实验评估

将依赖度量与 KNN 分类器结合起来，实现对异常的检测。首先，对正常数据和攻击数据进行预处理：计算节点间的依赖度量值。然后，使用已计算的依赖度量值对 KNN 分类器进行训练，进而通过对依赖度量的分类实现对依赖度量的检测。表 3.7～表 3.10 是依赖度量与 KNN 结合后攻击检测的评估结果。

1. MV101-FIT101 直接 CM 度量与 KNN 分类器结合

表 3.7 是将 MV101-FIT101 直接 CM 度量与 KNN 分类器结合时的攻击检测评估结果。当带宽参数在 1.1～1.3 时，CV-attack 的检测精确度为 100%，基于 MV101-FIT101 的 KNN 分类器能够检测 MV101、P102、LIT101 和 P101 上的所有攻击，检测精确度接近 100%。

表 3.7　将 MV101-FIT101 直接 CM 度量与 KNN 分类器结合时的攻击检测评估结果

BW	CV-normal	CV-attack	AP:MV101	AP:P102	AP:LIT101	AP:P101
0.6	0.0313	0.9688	0.9808	0.9676	1.0	1.0
0.7	0.0313	0.9688	0.9808	0.9676	1.0	1.0
0.8	0.0	1.0	1.0	1.0	1.0	1.0
0.9	0.0313	0.9688	0.9808	0.9676	1.0	1.0
1.0	0.0313	0.9688	0.9808	0.9676	1.0	1.0
1.1	0.0313	1.0	0.9808	0.9676	1.0	1.0
1.2	0.0313	1.0	0.9808	0.9676	1.0	1.0
1.3	0.0	1.0	1.0	1.0	1.0	1.0
1.4	0.0313	1.0	0.9808	0.9676	1.0	1.0
1.5	0.0313	1.0	0.9808	0.9676	1.0	1.0

将表 3.7 与表 3.4 进行比较，可以发现：①仅基于 MV101-FIT101 度量无法检测 P102 上的攻击，但与 KNN 分类器结合后能够以较高的精确度检测；②仅基于 MV101-FIT101 时，实现最佳检测精确度的理想带宽参数是 0.2 和 0.3，而 KNN 分类器结合后理想带宽参数值为 1.2 和 1.3。

2. FIT101-LIT101 直接 CE 度量与 KNN 分类器结合

表 3.8 是将 FIT101-LIT101 直接 CE 度量与 KNN 分类器结合时的攻击检测评估结果，可以看出理想带宽参数值为 1.0、1.1 和 1.2；当带宽参数为 1.1 时，对 MV101 上攻击的检测精确度为 100%，对 LIT101 上攻击的检测精确度为 74.81%，然而，无法检测 P101 和 P102 上的攻击。在图 3.3 中 MV101 是 FIT101-LIT101 的依赖度量的输入节点，而 P101 和 P102 是 FIT101-LIT101 的输出节点。因此可以推测，一个依赖度量发挥的作用，对其输入节点上的攻击检测要好于对其输出节点上的攻击检测。

表 3.8　将 FIT101-LIT101 直接 CE 度量与 KNN 分类器结合时攻击检测评估结果

BW	CV-normal	CV-attack	AP:MV101	AP:P102	AP:LIT101	AP:P101
0.6	0.7513	0.2488	0.0	0.1943	0.7248	0.1287
0.7	0.6563	0.3438	0.0	0.2348	0.0659	0.0990
0.8	0.6613	0.3388	0.0	0.1619	0.7481	0.1188
0.9	0.7125	0.2875	0.0	0.1579	0.7209	0.0594
1.0	0.5750	0.4250	1.0	0.1943	0.7209	0.0297
1.1	0.6325	0.1325	1.0	0.1579	0.7481	0.0891
1.2	0.6463	0.1450	1.0	0.3279	0.4496	0.0
1.3	0.7638	0.1575	0.0	0.1984	0.6589	0.0297
1.4	0.7438	0.1700	0.0	0.2348	0.6202	0.0297
1.5	0.7425	0.1850	0.0	0.2105	0.6899	0.0495

将表 3.8 与表 3.3 进行比较，可以发现：当仅基于 FIT101-LIT101 时，几乎能够实现对所有攻击的高检测精确度。然而，将度量 FIT101-LIT101 与 KNN 分类器结合后，仅能较好地实现对 MV101 上攻击的检测。

3. FIT101-P102 间接 CM 度量与 KNN 分类器结合

表 3.9 是 FIT101-P102 间接 CM 度量与 KNN 分类器相结合的攻击检测评估结果。当带宽参数为 1.2 时，CV-attack 的检测精确度为 100%，而 CV-normal 的检测精确度比较低，为 53.75%（可能由于随机选择的 CV-normal 数据距 FIT101-P102 依赖度量较远，后者无法验证 CV-normal 中的数据节点）；能够以 100%的精确度检测 P102 上的攻击，而对 P101 上攻击的检测精确度为 76.2%。

表 3.9 将 FIT101-P102 间接 CM 度量与 KNN 分类器结合时攻击检测评估结果

BW	CV-normal	CV-attack	AP:MV-101	AP:P-102	AP:LIT-101	AP:P-101
0.6	0.6763	0.4075	0.3731	0.0	0.3101	0.0495
0.7	0.6625	0.3838	0.2665	0.0	0.2907	0.0891
0.8	0.6850	0.3775	0.2687	0.0	0.2868	0.0594
0.9	0.6800	0.3715	0.2665	0.0	0.2946	0.0693
1.0	0.5238	0.5400	0.3305	1.0	0.3178	0.8119
1.1	0.5350	0.9980	0.2964	1.0	0.2597	0.7723
1.2	0.5375	1.0	0.3134	1.0	0.2674	0.7624
1.3	0.6625	0.9980	0.3049	1.0	0.3217	0.7524
1.4	0.6725	0.6950	0.3198	1.0	0.2868	0.7723
1.5	0.6600	0.6950	0.2687	1.0	0.3140	0.7723

将表 3.9 与表 3.5 进行比较，可以发现：结合后提高了对 P102、P101 上攻击检测的精确度，对 LIT101 和 MV101 上的攻击检测精确度从 0 提高到 30%。

4. LIT101-P101 直接 CM 度量与 KNN 分类器相结合

LIT101-P101 直接 CM 度量无法直接实现对异常的检测，但是当与 KNN 分类器结合时，结果如表 3.10 所示，当带宽参数设为 1.3 时，CV-attack 的检测精确度能够达到 100%，当带宽参数设为 1.4 时，对 LIT101 上攻击的检测精确度能够达到 84.1%。

表 3.10 将 LIT101-P101 直接 CM 度量与 KNN 分类器结合时攻击检测评估结果

BW	CV-normal	CV-attack	AP:MV-101	AP:P-102	AP:LIT-101	AP:P-101
0.6	0.593	0.3238	1.0	0.2065	0.8837	0.0396
0.7	0.616	0.3375	1.0	0.2227	0.8837	0.0396
0.8	0.622	0.3150	0.0	0.1741	0.8527	0.0297

续表

BW	CV-normal	CV-attack	AP:MV-101	AP:P-102	AP:LIT-101	AP:P-101
0.9	0.629	0.3200	0.0	0.1700	0.8605	0.0099
1.0	0.460	0.4763	0.0	0.2348	0.8605	0.0891
1.1	0.486	0.9988	0.1862	0.1862	0.8295	0.0594
1.2	0.465	0.9975	0.1862	0.1984	0.8333	0.0396
1.3	0.466	1.0	0.1862	0.2065	0.8333	0.0396
1.4	0.477	0.9975	0.2024	0.1903	0.8411	0.3069
1.5	0.491	0.9975	0.1862	0.2227	0.8566	0.0990

对以上所有攻击检测评估结果进行对比和分析，得出如下结论：依赖度量与 KNN 分类器结合后检测性能有所提高，尤其是在选择理想的带宽参数值以实现对某一具体节点上攻击的最佳检测精确度时。

3.5.7　与现有工作比较

表 3.11 所示为基于 SWaT 测试床的数据集的最新机器学习算法的异常检测结果，包括 MLP（multilayer perceptron，多层感知机）、CNN（convolutional neural network，卷积神经网络）、RNN（recurrent neural network，循环神经网络）、SVM 和 DNN（deep neural network，深度神经网络）[11,14]。关注表 3.11 中检测的 Precision（精确度）指标，其中 DNN 的检测精确度最高，为 98.2%。将基于依赖度量的检测精确度与表 3.11 中的检测精确度进行比较。

表 3.11　基于 SWaT 测试床的数据集的最新机器学习算法的异常检测结果 [11, 14]

算法	NAB score	F_1	Precision	Recall
MLP	69.612	0.812	0.967	0.696
CNN	34.225	0.808	0.952	0.702
RNN	36.924	0.796	0.936	0.692
SVM	—	0.796	0.925	0.699
DNN	—	0.802	0.982	0.678

注：F_1 是综合精确度和召回率的一种度量，称为 F_1 分数或度量。

从表 3.3～表 3.5 可以看出，当仅基于依赖度量进行检测时，直接度量 FIT101-LIT101 和 MV101-LIT101 能够对几乎所有攻击实现 100%的检测精确度，高于 DNN 的 98.2%的检测精确度。从表 3.7～表 3.10 可以看出，将依赖度量与 KNN 分类器结合时，能够在很多情况下实现 100%的检测精确度，也高于表 3.11 中的最高检测精确度 98.2%。

综上，基于依赖度量的异常检测方法在一定程度上讲，能够比表 3.11 中机器学习算法实现更好的异常检测性能。

本章小结

本章介绍了一种面向 ICS 的 CPS 的异常检测方法，设计 CE 和 CM 对信息节点和物理节点间信息物理依赖进行量化度量。分三种情况对提出的异常检测方法进行评估，并对评估结果进行对比分析。评估结果显示，通过选择理想带宽参数值，CE 度量和 CM 度量均能实现高检测精确度。这种检测方法属于基于异常的检测，因此需要基于大数据训练正常依赖关系度量，而且能够发现未知攻击。未来还需要对这种异常检测方法采用更多实例进行评估和进一步改进，以提高方法的实用性。

参考文献

[1] HALL M A. Correlation-based feature selection for machine learning[D]. Hamilton: University of Waikato, 1999.

[2] TRAN B, XUE B, ZHANG M. Class dependent multiple feature construction using genetic programming for high-dimensional data[C]// Australasian Joint Conference on Artificial Intelligence. Melbourne: Springer, 2017: 182-194.

[3] LEE J, KIM D W. Mutual information-based multi-label feature selection using interaction information[J]. Expert Systems with Applications, 2015, 42(4): 2013-2023.

[4] DOQUIRE G, MICHEL V. Mutual information-based feature selection for multilabel classification[J]. Neurocomputing, 2013, 122: 148-153.

[5] PENG H C, LONG F H, DING C. Feature selection based on mutual information criteria of max-dependency, max-relevance, and min-redundancy[J]. IEEE Transactions on Pattern Analysis and Machine Intelligence, 2005, 27(8): 1226-1238.

[6] MATHUR A P, TIPPENHAUER N O. SWaT: a water treatment testbed for research and training on ICS security[C]// International Workshop on Cyber-Physical Systems for Smart Water Networks. Vienna: IEEE, 2016: 31-36.

[7] ADEPU S, MATHUR A. Distributed detection of single-stage multipoint cyber attacks in a water treatment plant[C]// 11th ACM on Asia Conference on Computer and Communications Security. Xi'an: ACM, 2016: 449-460.

[8] KANG E, ADEPU S, JACKSON D. Model-based security analysis of a water treatment system[C]// 2nd International Workshop on Software Engineering for Smart Cyber-Physical Systems. Austin: IEEE, 2016: 22-28.

[9] ADEPU S, MATHUR A. Using process invariants to detect cyber attacks on a water treatment system[C]// 31st IFIP International Information Security and Privacy Conference (SEC). Ghent: IFIP, 2016: 91-104.

[10] INOUE J, YAMAGATA Y, CHEN Y. Anomaly detection for a water treatment system using unsupervised machine learning[C]// IEEE International Conference on Data Mining Workshops (ICDMW). New Orleans: IEEE, 2017: 1058-1063.

[11] SHALYGA D, FILONOV P, LAVRENTYEV A. Anomaly detection for water treatment system based on neural network with automatic architecture optimization[J]. arXiv preprint, 2018.

[12] LIN Q, ADEPU S, VERWER S. TABOR: a graphical model-based approach for anomaly detection in industrial control systems[C]// 13th ACM ASIA Conference on Computer and Communications Security. Incheon: ACM, 2018: 523-536.

[13] DEBOER P T, KROESE D P, MANNOR S. A tutorial on the cross-entropy method[J]. Annals of Operations Research, 2005, 134(1): 19-67.

[14] GOH J, ADEPU S, JUNEJO K N. A dataset to support research in the design of secure water treatment systems[C]//11th International Conference on Critical Information Infrastructures Security. Paris: Springer, 2016: 88-99.

第 4 章　高级感知数据注入攻击的检测

为了满足智能化的需要，传感器越来越多地应用于工业系统。然而，传感器的脆弱性使感知数据存在被恶意修改的可能。当前存在大量关于感知数据注入攻击策略和检测方法的研究，然而，攻击者和防御者主要考虑感知数据被一次修改的情况，忽略了感知数据被持续修改和长期伪造系统状态的可能。因此，需要研究更为高级的感知数据注入攻击模型，即攻击者如何躲避现有检测手段，持续修改感知数据和导致系统长期性能降级的攻击行为模式。同时，考虑现有检测方法的不足，介绍了基于第一偏差的异构数据检测方法以识别这种高级感知数据注入攻击。

4.1　信息物理系统模型

一个大规模信息物理系统（CPS）包含许多传感器，这些传感器分布范围广，测量属性多，资源需求少且价格低廉。然而，传感器的应用也为 CPS 带来了安全隐患。传感器拥有的资源有限，不能部署复杂的防御措施，因此入侵传感器是可能的。此外，因为传感器分布范围广，且许多放置于无人区，所以传感器的数据传输主要依赖于无线网络，而无线网络是比较脆弱的，攻击者很容易入侵无线网络并修改在无线网络中传输的感知数据。

由于 CPS 与人们生活的联系日益紧密，CPS 的安全也变得更加重要。由于需要不断修改感知数据的可能性与有效性，感知数据注入攻击近年来得到较多的关注[1]。攻击者常通过直接向传感器注入错误数据，或入侵通信系统修改传输的感知数据，发起感知数据注入攻击。

为了便于描述攻击模型, 下面使用五元组 P 描述图 4.1 所示的 CPS 模型。

$$P=\{C,M,S,R,F\} \tag{4.1}$$

式中，$C=\{c_1, c_2,\cdots,c_k,\cdots,c_{n_c}\}$ 是中央控制器发出的命令集合，元素 c_k 表示第 k 种系统命令。用符号 $C(k)=\{c_i,\cdots,c_j\}$ 表示系统在第 k 个单位时间发出的命令集合。n_c 表示系统内命令种类的数量。

$M=\{m_1, m_2,\cdots, m_i,\cdots,m_{n_m}\}$ 是一组传感器测量值时间序列的集合。一个时间序列是一个传感器参照时间顺序排列的测量值。$m_i=\{m_i(1), m_i(2),\cdots,m_i(k)\}$ 表示第 i 个传感器测量的时间序列。$m_i(k)$ 表示第 i 个传感器在时间 k 的测量值。n_m 表示传感器的数量。

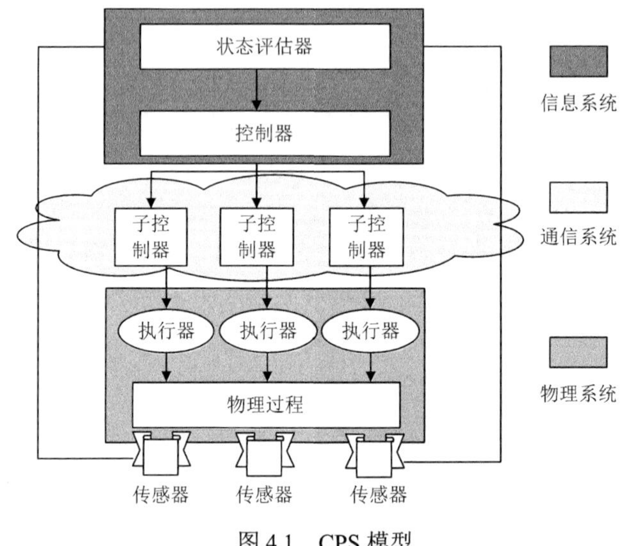

图 4.1　CPS 模型

$S=\{s_1,s_2,\cdots,s_i,\cdots,s_{n_s}\}$ 是物理系统内状态的集合，元素 $s_i=\{a_1, a_2,\cdots,a_i,\cdots,a_{n_a}\}$ 表示系统的第 i 个状态，a_i 为一个实数。每一个系统状态由维度为 n_a 的向量来描述。状态评估器能够通过时间 k 感知数据估计当前的系统状态 $\boldsymbol{S}(k)$，表示为

$$\boldsymbol{M}(k)=\boldsymbol{C}_{\text{matrix}}\times\overline{\boldsymbol{S}(k)} \tag{4.2}$$

其中，$\boldsymbol{C}_{\text{matrix}}\in\mathcal{R}^{n_m\cdot n_a}$ 为系统拓扑的雅可比矩阵；$\overline{\boldsymbol{S}(k)}\in S$ 表示时间 k 被评估的系统状态。在正常情况下，$\overline{\boldsymbol{S}(k)}=\boldsymbol{S}(k)$，$\boldsymbol{M}(k)=\{m_1(k), m_2(k),\cdots, m_{n_m}(k)\}$。

系统的物理动态性能由如下离散时间模型描述[2]：

$$\boldsymbol{M}(k)=\boldsymbol{A}\times\boldsymbol{M}(k-1)+\boldsymbol{B}\times g\left[\boldsymbol{u}(k-1)\right] \tag{4.3}$$

其中，$\boldsymbol{A}\in\mathcal{R}^{n_m\cdot n_m}$ 和 $\boldsymbol{B}\in\mathcal{R}^{n_m\cdot n_c}$ 是描述系统控制的两个参数矩阵。$\boldsymbol{u}(k)=\{u_1(k), u_2(k),\cdots,u_{n_c}(k)\}^{\mathrm{T}}\in\mathcal{R}^{n_c\cdot 1}$ 是在时间 k 由控制命令决定的控制信号。信号 $u_i(k)$ 的值由对应的控制命令 c_i 决定。$g(\cdot)\in\mathcal{R}^{n_c\cdot 1}$ 是信号 $\boldsymbol{u}(k)$ 的函数。

$R=\{r_1, r_2,\cdots,r_k\cdots,r_{n_r}\}$ 是一组状态和命令的关系集合。$r_k=s_i\rightarrow\{c_i,\cdots,c_j\}$（$r_k\in R$）表示当系统状态是 s_k 时，控制器将发出一组命令 $\{c_i,\cdots,c_j\}$。这些命令由对应的系统状态激活，或者由操作员直接输入。

$F=\{f_1, f_2,\cdots,f_{n_f}\}$ 是一组状态集合的子集。集合 F 的任意状态元素都表示当前系统出现异常。每个元素可以称为一个不合法状态。

4.2　高级感知数据注入攻击模型

攻击者通过修改感知数据，使状态评估器将系统评估为非真实的状态。传统的攻击者主要聚焦于一次攻击，即攻击者通过一次注入错误数据，躲避状态评估器对异常数据的识别，或者注入感知数据来掩藏系统当前的异常状态。

目前，通过注入伪造的感知数据实施长期攻击的研究还很少。长期感知数据注入攻击是困难的，需要解决如下问题：

1）攻击者需要通过长期数据注入攻击持续伪造系统正常状态，掩盖系统的性能降级或异常。

2）长期的系统状态伪造需要攻击者能持续追踪和了解系统状态。

3）能够躲避系统检测方法的识别。

4）注入的数据能够持续引起系统异常或最终导致系统故障。

下面描述一种高级感知数据注入攻击模型，攻击者仅需要拥有受限的系统知识和通过长期收集历史感知数据，能够计算出新的合适的恶意数据，实施长期攻击并躲避现有方法。下面将从攻击目标、攻击者知识需求和攻击能力三方面刻画高级感知数据注入攻击。

感知数据注入攻击的目的是引起评估状态与系统实际状态不一致，基于其具体用途，可以分为以下两类：

1）注入错误数据掩盖错误状态 $S(t)=s_{\mathrm{f}}\left(s_{\mathrm{f}}\in F\right)$。

2）注入数据引起错误控制命令 $C(t)$ （ $S(t)\rightarrow C(t)\in R$ ）的输出。

高级感知数据注入攻击的最终意图是破坏物理系统，因此一般会引起错误命令的输出；由于长期攻击的需要，也会通过数据注入来掩盖系统逐渐恶化的性能。因此，高级感知数据注入攻击需要尽力实现以上两类目标。

一个攻击者对目标系统有不同层次的知识需求，系统知识主要包括如下几类：

1）感知数据。

2）雅可比矩阵 $\boldsymbol{C}_{\mathrm{matrix}}$。

3）系统命令集合 C。

4）系统参数 $\{\boldsymbol{A},\boldsymbol{B},g\}$。

5）状态相关知识 $\{R,F\}$。

基于获知的知识差异，攻击者能够构建出不同的攻击方案。系统知识可分为完全的系统知识和受限的系统知识[3]。

（1）完全的系统知识

攻击者能够知道目标系统的所有参数。$\{T, C\}$ 能被攻击者通过入侵信息系统获得，其中，T 为历史测量数据集 $\{T(1),T(2),\cdots,T(N)\}$。攻击者通过公开数据和系统理论获得参数 $\{F,\boldsymbol{C}_{\mathrm{matrix}}\}$。结合历史数据和矩阵 $\boldsymbol{C}_{\mathrm{matrix}}$，能通过计算得到参数 R。攻击者如果是系统设计者，则能够得到参数 $\{\boldsymbol{A},\boldsymbol{B},g\}$。

（2）受限的系统知识

假设攻击者能够通过入侵信息系统网络和公开数据源获得系统运行过程的数据，这意味着，$\boldsymbol{C}_{\mathrm{matrix}}$、$\{T,C\}$ 和关系 $\{F,R\}$ 能被攻击者获得。对于高级数据注入攻击，攻击者只需要利用受限的系统知识实施攻击。攻击者修改传感器数据的能力可分为以下三类：

1）用任意数据修改一部分传感器测量值。

2）所有传感器的测量值都能被修改，但是修改的数值是受限的，如攻击者使用时间同步攻击修改传感器的时间戳。

3）能够控制所有传感器，并注入任意测量值。例如，攻击者能够入侵信息系统内的 PLC，从而修改所有感知数据并用任意值替换。

对于高级感知数据注入攻击，攻击者需要第三种能力，即控制所有传感器的测量值并用任意值替换。

假设攻击者能够具有如上讨论的能力，其攻击的具体过程如下。

（1）获取历史数据并计算参数 A

恶意攻击者通过入侵 CPS 通信系统收集历史测量数据 $\{\boldsymbol{T}(1),\boldsymbol{T}(2),\cdots,\boldsymbol{T}(N)\}$ 和系统命令 $C(1), C(2),\cdots,C(N)$，然后攻击者产生空集合 V=null，增加满足 $i<j$，$S(i)=S(j)$，$C(i)=C(j)$ 条件的 $<\boldsymbol{T}(i),\boldsymbol{T}(j)>$ 进入集合 V。因此，得到

$$\boldsymbol{T}(j+1)-\boldsymbol{T}(i+1)=\boldsymbol{A}\times\left[\boldsymbol{T}(j)-\boldsymbol{T}(i)\right] \tag{4.4}$$

利用线性回溯：

$$\boldsymbol{A}=\left(\boldsymbol{X}^{\mathrm{T}}\boldsymbol{X}\right)^{-1}\boldsymbol{X}^{\mathrm{T}}\boldsymbol{Y} \tag{4.5}$$

式中，$\boldsymbol{X}=\left[\cdots,\boldsymbol{T}(j)-\boldsymbol{T}(i),\cdots\right]$，$\boldsymbol{Y}=\left[\cdots,\boldsymbol{T}(j+1)-\boldsymbol{T}(i+1),\cdots\right]$，$<\boldsymbol{T}(i),\boldsymbol{T}(j)>\in V$。

（2）状态转换路径查找

通过分析历史数据，恶意实体能够发现存在于状态和命令之间的关系 R。同时，也可挖掘状态转换路径。一个状态转换路径表示随时间变化的状态序列。例如，有状态转换路径 s_1,s_2,s_3，在开始时，系统状态是 s_1，随着命令的输出，系统状态变为 s_2，最后变为 s_3。

在搜索状态转换路径的过程中，攻击者需要找到满足如下条件的两个正常状态转换路径：

$$\begin{cases}\text{Path1:}\ G_s\xrightarrow{C_d}s_{i_1}\xrightarrow{C_{i_1}}s_{i_2}\xrightarrow{C_{i_2}}\cdots s_{i_k}\xrightarrow{C_{i_k}}\cdots\xrightarrow{C_{i_{n-1}}}s_{i_n}\\ \text{Path2:}\ G_s\xrightarrow{C_f}s_{j_1}\xrightarrow{C_{j_1}}s_{j_2}\xrightarrow{C_{j_2}}\cdots s_{j_k}\xrightarrow{C_{j_k}}\cdots\xrightarrow{C_{j_{m-1}}}s_{j_m}\end{cases} \tag{4.6}$$

式中，C_d、C_f、C_{i_k} 和 C_{j_k} 分别表示不同的命令集合；G_s 表示一系列状态转换。例如，$s_k\xrightarrow{C_{i_k}}s_l$ 表示当系统状态为 s_k 时，发出控制命令 C_{i_k}，然后系统状态转换为 s_l。

（3）持续注入坏数据

在时间 l，系统状态变为 s_d（$G_s=\{s_1,s_2,\cdots,s_d\}$），命令 C_f 发出，即当前执行路径为 Path2，然后在时间 $l+1$ 发起攻击。符号 $T(k)$ 描述系统状态 s_d 和命令 C_d 执行时的历史感知数据，即执行路径 Path1。当攻击发起时，攻击者持续伪造感知数据使得系统认为当前状态转换路径是 Path1。在攻击过程中，时间 $l+j$ 下的注入坏数据 $T(l+j)_{\text{bad}}$ 满足：

$$\begin{cases} \boldsymbol{T}(l+j)_{\text{bad}} = \boldsymbol{T}(k+j) + \boldsymbol{A} \times [\boldsymbol{T}(l+j-1) - \boldsymbol{T}(k+j-1)] \\ \boldsymbol{T}(l)_{\text{bad}} = \boldsymbol{T}(l) \\ 0 < j \leqslant t_{\text{bad}} \end{cases} \tag{4.7}$$

式中，$j \in \boldsymbol{I}$；t_{bad} 指的是坏数据注入的持续时间。

定理 4.1　当注入的坏数据满足式(4.7)时，在时间 $l+j$ 被估计的系统状态将与 $k+j$ 保持相同。

证明：基于式（4.3），时间 $l+j$ 的评估状态为

$$\begin{aligned} &\overline{\boldsymbol{S}(l+j)} \\ &= \boldsymbol{M}\{T(k+j) + \boldsymbol{A}[\boldsymbol{T}(l+j-1) - \boldsymbol{T}(k+j-1)]\} \\ &= \boldsymbol{S}(k+j) + \boldsymbol{M} \times \boldsymbol{A}[\boldsymbol{T}(l+j-1) + \boldsymbol{G} - \boldsymbol{G} - \boldsymbol{T}(k+j-1)] \\ &= \boldsymbol{S}(k+j) + \boldsymbol{S}(l+j-1) - \boldsymbol{S}(k+j-1) \\ &= \boldsymbol{S}(k+j) \end{aligned} \tag{4.8}$$

式中，$\boldsymbol{G} = \boldsymbol{B} \times g[\boldsymbol{u}(l+j-1)] = \boldsymbol{B} \times g[\boldsymbol{u}(k+j-1)]$，$\boldsymbol{M} = (\boldsymbol{C}_{\text{matrix}}^{\text{T}} \boldsymbol{C}_{\text{matrix}})^{-1} (\boldsymbol{C}_{\text{matrix}}^{\text{T}})$。

从定理 4.1 可知，利用历史数据，攻击者能持续通过坏数据注入伪造合法的系统状态。在持续攻击期间，控制器认为路径 Path1 在执行，然而，真实情况是，系统在执行路径 Path3：

$$\text{Path3:}\ G_s \xrightarrow{C_f} s_{j_1} \xrightarrow{C_{i_1}} s_{h_2} \xrightarrow{C_{i_2}} \cdots s_{h_k} \xrightarrow{C_{i_k}} \cdots \xrightarrow{C_{i_{n-1}}} s_{h_n} \tag{4.9}$$

命令序列 $C_{i_1}, C_{i_2}, \cdots, C_{i_n}$ 分别在对应的状态转换路径 $s_{i_1}, s_{i_2}, \cdots, s_{i_n}$ 下发出。但是对于状态 s_{h_k}，命令集 C_{i_k} 对于操控系统运行并不是合法的。物理系统在路径 Path3 的操作下，可能会长时间处于不合法状态 $\{\cdots, s_{h_k}, \cdots\}$（$s_{h_k} \in F$）。

4.3　高级感知数据注入攻击下传统检测器效能分析

尽管存在许多检测方法，如第 1 章提及的基于状态转换的坏数据检测等模型驱动方法，以及基于感知数据或命令数据检测的数据驱动方法，但是，高级感知数据注入攻击通过持续性完美伪造感知数据，能够轻易躲避以上方法的检测。本节讨论在高级感知数据注入攻击下的基于残差的坏数据检测器（BDD）、基于状态转换的检测器和基于机器学习方法的检测器的检测效能。

4.3.1　基于冗余的坏数据检测器效能

BDD 利用观察的感知数据和评估的感知数据检测差距识别异常。直观地说，正常测量的数据与实际值是接近的，而坏数据可能偏离它们的真实值很多，因此，BDD 能够起到检测数据注入攻击的作用。当注入的恶意数据 $T(k)_{\text{bad}}$ 能够被系统评估为另一个状

态时，BDD将无法识别恶意攻击。文献[4]根据以上的讨论得到定理4.2。

定理4.2 对于CPS系统［满足式（4.2）和式（4.3）］，BDD是无法识别高级感知数据注入攻击的。

证明：设高级感知数据注入攻击在时间$t+1$被发起，攻击者希望伪造时间$j+1$的感知数据$S(t)=S(j)$，被注入的恶意数据和真实测量数据的不同表示为

$$\begin{aligned}&\boldsymbol{T}(t+l)_{\text{bad}}-\boldsymbol{T}(t+l)\\&=\boldsymbol{T}(j+l)+\boldsymbol{A}\left[\boldsymbol{T}(t+l-1)-\boldsymbol{T}(j+l-1)\right]-\boldsymbol{T}(t+l)\\&=\boldsymbol{A}\times\boldsymbol{T}(t+l-1)+\boldsymbol{G}-\boldsymbol{T}(t+l)\\&=\boldsymbol{T}(t+1)-\boldsymbol{T}(t+l)\\&=\boldsymbol{C}_{\text{matrix}}\times 0\end{aligned}\tag{4.10}$$

式中，$\boldsymbol{G}=\boldsymbol{g}\left[\boldsymbol{u}(k+l-1)\right]=\boldsymbol{g}\left[\boldsymbol{u}(k+j-1)\right]$，$0<l\leqslant t_{\text{bad}}$。因此，基于式（4.10），定理4.2得证。

4.3.2 基于状态转换的检测器效能

基于状态转换的检测器利用一系列状态出现的固有模式来区分系统的正常行为和异常行为。每一个状态转换路径的固有模式通过计算其在历史数据中出现的次数来决定。通常情况下，出现的次数越多，表示这一状态转换路径越有可能是正确的。文献[5]描述了正常转换路径的确定方法，如果在历史数据中不存在当前的状态转换路径，则直接认为异常出现。例如，4.2节中的路径Path1和路径Path2是正常路径，而路径Path3是异常路径。

尽管基于状态转换的检测器能够有效检测许多攻击，但当攻击者发起高级感知数据注入攻击，该检测器不能识别异常。定理4.3表明基于状态转换的检测器无法识别高级感知数据注入攻击。

定理4.3 对于CPS系统［满足式（4.2）和式（4.3）］，基于状态转换的检测器无法识别高级感知数据注入攻击。

证明：假设路径Path1和路径Path2经常出现在系统运行的过程中，当恶意组织发起高级感知数据注入攻击和伪造执行路径Path2作为执行路径Path1，真实的状态转换将变为路径Path3。然而，控制器和检测器认为路径Path1正在被执行。从控制器的观点看，路径Path1是正常的并且攻击未发生。因此，高级感知数据注入攻击无法被基于状态转换的检测器识别。

4.3.3 基于机器学习方法的检测器效能

基于机器学习方法的检测器能被看作二分类器。存在三种模式的机器学习方法：监督学习、半监督学习和无监督学习。由于基于监督学习的方法通常能够进行更有效的异常识别[4]，在这里以其为例，来考察对高级感知数据注入攻击进行检测的能力。

监督学习技术利用一组贴标签的训练数据，如已知是正常或异常的数据，来产生分类器。当将一个不带标签的数据（样本）输入分类器时，模型能够给出对应的标签。下面主要讨论两种基于监督学习的分类器：

1）基于感知数据$T(k)$的分类器[6-7]。

2）基于不同时间感知数据差值$T(k)-T(k-l_d)$的分类器，其中，l_d表示一个正整数，由检测器自行设置。

对于基于感知数据$T(k)$的监督机器学习分类器，通过

$$\{\{T(1),y_1\},\{T(2),y_2\},\cdots,\{T(k),y_k\}\}$$

来描述有标签的样本集合，其中，y_k是历史感知数据$T(k)$的标签。当$y_k=1$时，表示样本异常；当$y_k=0$时，表示样本正常。

对于基于不同时间感知数据差值的监督机器学习分类器，通过

$$\{\{T(l_d+1)-T(1),y_1\},\{T(l_d+2)-T(2),y_2\},...,\{T(l_d+k)-T(k),y_k\}\}$$

来描述已有标签的对应样本集合，若坏数据在时间k被注入，对应的$y_k-l_d=1$，否则对应值为0。

尽管存在许多机器学习技术，如KNN技术、随机森林（random forest，RF）、SVM和朴素贝叶斯（naive Bayes，NB）等，但是，利用这些技术实现的基于感知数据的机器学习算法无法有效检测高级感知数据注入攻击。定理4.4和定理4.5指出，在一些情况下，基于感知数据的监督机器学习方法无法识别高级感知数据注入攻击。例如，假设任务是预测注入的坏数据$T(k)$的标签，下面以1-最近邻方法为例进行说明。

定理4.4　对于CPS系统［满足式（4.2）和式（4.3）］，利用1-最近邻算法的基于感知数据机器学习方法[式（4.11）]进行检测时，高级感知数据注入攻击是不能被检测的：

$$\overline{y_k}=\underset{y_j}{\operatorname{argmin}}\|\boldsymbol{T}(k)-\boldsymbol{T}(j)\|_2 \tag{4.11}$$

证明：当坏数据在时间k被注入时，能够得到的信息有

① $y_k=1$；

② $y_j=\overline{y_j}=y_{j-1}=\overline{y_{j-1}}=y_{k-1}=\overline{y_{k-1}}=0$，其中，$\overline{y_j}$表示被预测的标签，$y_j$表示实际标签；

③ $\boldsymbol{T}(t)=\boldsymbol{T}(j)+\boldsymbol{A}\times[\boldsymbol{T}(t-1)-\boldsymbol{T}(j-1)]$。

$T(k)$被预测的标签$\overline{y_k}$为

$$\begin{aligned}&\underset{y_l}{\operatorname{argmin}}\|\boldsymbol{T}(k)-\boldsymbol{T}(l)\|\\&=\underset{y_l}{\operatorname{argmin}}\|\boldsymbol{C}_{\text{matrix}}\times\boldsymbol{S}(k)-\boldsymbol{C}_{\text{matrix}}\times\boldsymbol{S}(l)\|\\&=\underset{y_l}{\operatorname{argmin}}\|\boldsymbol{C}_{\text{matrix}}\times[\boldsymbol{S}(k)-\boldsymbol{S}(l)]\|\end{aligned} \tag{4.12}$$

当$l=j$时，由于$\boldsymbol{S}(k)=\boldsymbol{S}(j)$，$\overline{y_k}=y_j=0$。因此，高级感知数据注入攻击不能被

检测。

定理 4.5 对于 CPS 系统［满足式（4.2）和式（4.3）］，利用 1-最近邻技术实现的基于不同时间感知数据差值的机器学习检测器为

$$\overline{y_t} = \underset{y_j}{\operatorname{argmin}} \left\| \left[\boldsymbol{T}(t) - \boldsymbol{T}(t - l_d) \right] - \left[\boldsymbol{T}(j) - \boldsymbol{T}(j - l_d) \right] \right\| \tag{4.13}$$

当攻击者在历史数据中发现满足 Path1、Path2 两条路径的参数 l_d 比 G_s 持续时间短时，高级感知数据注入攻击不能被检测。

证明：假设在时间 k 时，坏数据被注入且 $\boldsymbol{T}(k) = \boldsymbol{T}(j) + \boldsymbol{A} \times \left[\boldsymbol{T}(k-1) - \boldsymbol{T}(j-1) \right]$。因为 l_d 比 G_s 的持续时间短，在时间 $k - l_d$，$S(k - l_d)$ 被评估的状态与 $S(j - l_d)$ 被评估的状态相同。因此，能够得到

$$\boldsymbol{C}_{\text{matrix}} \times \left\{ \overline{\boldsymbol{S}(k)} - \boldsymbol{S}(k - l_d) - \left[\boldsymbol{S}(j) - \boldsymbol{S}(j - l_d) \right] \right\} = 0 \tag{4.14}$$

参照以上的讨论，易得 $\overline{y_k} = y_j = 0$，即高级感知数据注入攻击在很多情况下不能被该方法识别。

因为大多数机器学习方法认为相似的样本有相似的标签，而攻击数据 $T(k)$ 总能找到相似的好数据 $T(j)$，因此，这些不同技术实现的分类器的能力也是相似的，即基于感知数据的机器学习方法在检测高级感知数据注入攻击时，很多情况下是无效的。

4.4 基于第一偏差的异构数据检测方法

4.3 节提到的现有检测方法，无法识别持续注入恶意数据来伪造系统正常状态的高级感知数据注入攻击。这些方法都只是关注感知数据本身，没有考察系统的控制命令。实际上，攻击者虽然能够不断伪造感知数据，但是，系统的控制命令和注入的感知数据仍然可能存在严重不协调，通过综合分析这两类数据，有可能实现攻击的检测。下面介绍基于第一偏差的异构数据检测器（heterogeneous data learning and detection，HDLD）。

图 4.2 所示为基于第一偏差的 HDLD 的结构。考虑到两类数据的异构特点，检测器需要采用异构数据转换方法，将离散的命令转换为连续的控制信号。每个单位时间，检

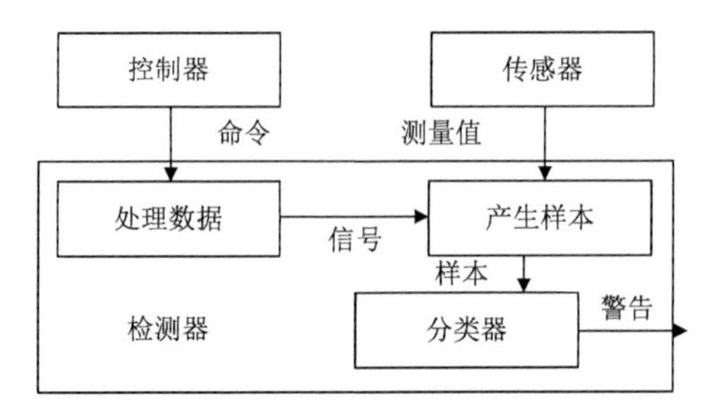

图 4.2 基于第一偏差的 HDLD 结构

测器从传感器接收感知数据，同时从控制器获得控制命令。检测器有三个组件：“处理数据”组件、“产生样本”组件和“分类器”组件。每个单位时间，命令传输到“处理数据”组件。“处理数据”组件将命令转换为一系列信号，并将这些新信号发送到“产生样本”组件。“产生样本”组件结合信号和传感器的测量数据获得一个可检测的样本，并将样本传输到“分类器”组件。分类器基于 KNN 技术检测样本和确定数据是否异常。下面详细描述以上过程。

4.4.1　处理异构数据

每一个单位时间段，“处理数据”组件将输入的命令转化为控制信号。控制信号由 1 和 0 两个值组成。

首先，将命令依据功能分为持续命令和实时命令两类，这两类命令对控制命令转换控制信号的方法是不同的。持续命令是指那些对系统状态的影响能够持续相当长时间的命令。持续命令对系统状态的影响在另一个对应命令出现时才停止。实时命令出现时，对系统状态的影响是暂时的。例如，命令“打开或者关闭”阀门是持续命令，增加智能电网的用电消耗是实时命令。两类数据的处理描述如下。

1. 持续命令转换

当持续命令出现时，信号值为“1”并将维持一段时间。这个持续时间依赖于对应命令的特点。例如，如果命令的影响仅持续一个固定时间段，当持续时间结束时，对应的信号值将变为“0”；如果命令的影响因为其他命令的出现而停止，则信号值将在对应命令出现时变为“0”。图 4.3（a）～（c）所示为以上两种情况。如图 4.3（a）所示，在受限时间段 t_{internal} 内分配资源命令在时间 0 发出，当时间到 t_{interval} 时，信号值变为“0”。图 4.3（b）和（c）刻画了两个命令“打开开关”和“关闭开关”的信号处理过程。在时间 0，“打开开关”命令出现，对应信号值变为“1”；当命令“关闭开关”在时间 t_{interval} 出现时，“打开开关”命令的信号值变为“0”，命令“关闭开关”对应的信号值变为“1”。

2. 实时命令转换

当实时命令出现时，信号值将从“1”变为“0”或者从“0”变为“1”。直到下一次该命令再次出现，对应信号值一直保持不变。如图 4.3（d）所示，智能电网中“增加需求”命令在时间 0 和 t_{interval} 由控制器发出。对应信号值在时间 0 从“0”变为“1”；在时间 t_{interval} 从“1”变为“0”。

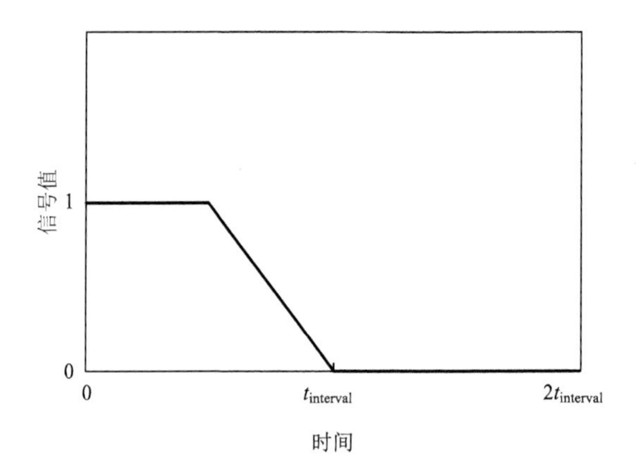

（a）受限时间分配资源

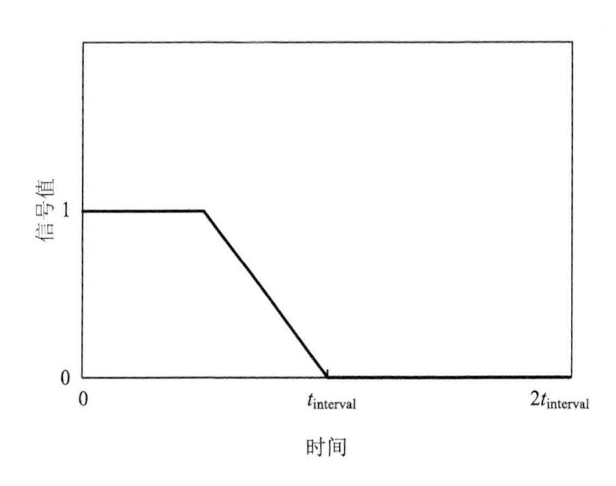

（b）打开开关

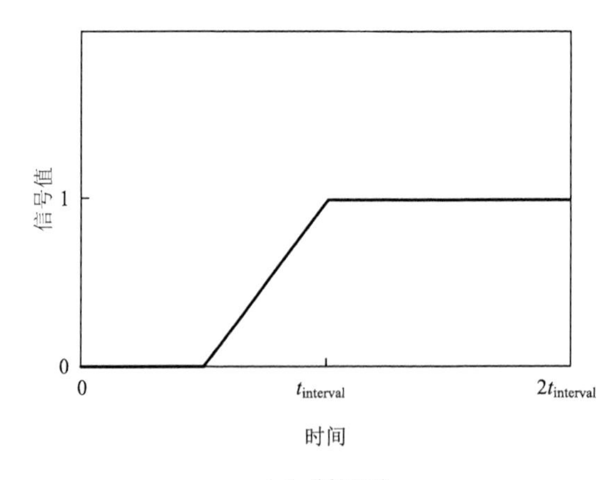

（c）关闭开关

图 4.3　一个异构数据处理的例子

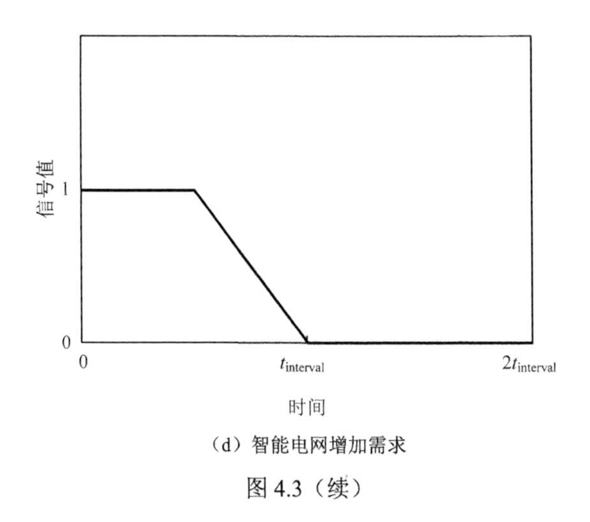

（d）智能电网增加需求

图 4.3（续）

4.4.2 样本的产生

每个单位时间，检测器结合信号和感知数据产生一个样本，并发送样本到分类器。下面介绍一个样本的数据结构。

使用变量$\boldsymbol{V}_S(k)=\left\{\boldsymbol{V}(k)^{\mathrm{T}},\boldsymbol{T}(k)^{\mathrm{T}}\right\}^{\mathrm{T}}$描述在时间 k 控制命令和感知数据的结合，其中$\boldsymbol{V}(k)=\left\{v_1(k),v_2(k),\cdots,v_i,\cdots,v_m(k)\right\}^{\mathrm{T}}$表示在时间 k 的控制信号向量，$v_i(k)$表示控制命令 c_i 在时间 k 的控制信号。为了捕获数据序列的时序结构，检测器使用第一偏差[5]处理样本，即基于不同时间的原始样本差值形成新的样本。在时间 k 产生的处理后的样本$\boldsymbol{N}_S(k)$可描述为

$$\boldsymbol{N}_S(k)=\boldsymbol{V}_S(k)-\boldsymbol{V}_S(k-l_d) \tag{4.15}$$

式中，$\boldsymbol{V}_S(k)$和$\boldsymbol{V}_S(k-l_d)$是时间 k 与 $k-l_d$ 的原始样本。文献[5]使用第一偏差感知的机器学习方法（first difference aware machine learning，FDML），来检测时间同步攻击；而 BDD 对假数据的检测基于测量值与估计值之间的差值（称为残差，residual）。

4.4.3 分类器

分类器通过 KNN 技术实现。有许多历史数据，并且这些数据已经被区分出正常样本和异常样本。如果样本是异常的，则对应的标签为“1”；反之标签为“0”。

新的样本$N_S(k)$输入到分类器时，组件将搜索k_c个历史样本。这些历史样本满足：

$$\min_{N_S(l)}\left\|\boldsymbol{N}_S(k)-\boldsymbol{N}_S(l)\right\|_2,\ l<k \tag{4.16}$$

$k_{\mathrm{c}}\in I$ 是检测器的一个参数，由防御者根据不同系统的特点自行设定。对于k_{c}个被选样本，如果标签为“1”的样本数量比标签为“0”的样本数量多。对应的$N_S(k)$预测样本为“1”，否则为“0”。当标签为“1”时，检测器将发出告警。

4.5 检测效果的仿真评估

本节使用仿真实验来验证高级感知数据注入攻击的效果，评估基于第一偏差的HDLD的有效性。前文已说明，BDD、基于状态转换的检测器和基于感知数据的机器学习检测器难以发现高级感知数据注入攻击，因此，本节只与FDML的检测效果进行比较。FDML只是对感知数据进行检测，而HDLD综合采用了控制命令数据；需要说明的是，定理4.5只是说明了某种情况下基于不同时间感知数据差值的检测无效，但也存在一些能够检测出异常的情况。

4.5.1 智能电网仿真

1. 场景描述

电网中需求和产能的不平衡会导致频率逐渐偏离正常值。如果这种差值比阈值大且持续一定时间，发电机将自动脱离电网导致更大的不平衡，以至于系统发生级联故障[7]。直接负载控制是一种有效应对需求和产能不平衡的控制组件。图4.4所示为智能电网直接负载控制系统模型。

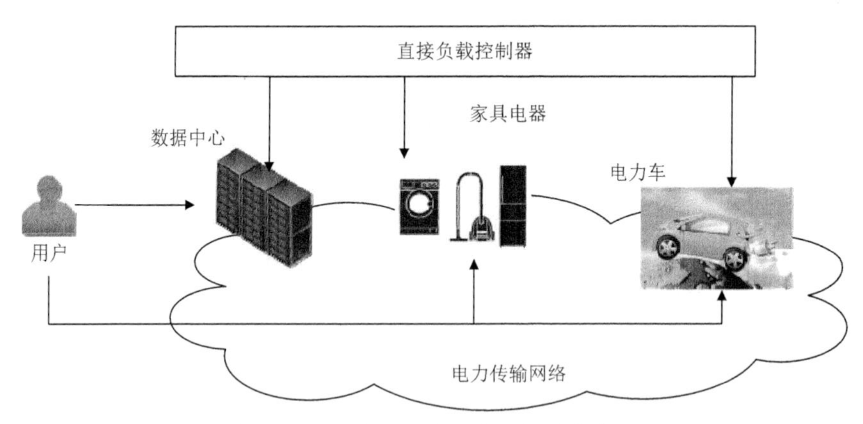

图4.4 智能电网直接负载控制系统模型

直接负载控制器能够关闭或打开电器改变智能电网的动态负载，以减少频率的偏差。当频率比正常频率（50Hz）低时，直接负载控制器减少对直接负载的使用；反之，则增加对直接负载的使用。大量用户也会打开或关闭电器，来增减直接负载的数量，从而引起发电频率的变化。在时间t，产能$G(t)$变化参照文献[7]：

$$\begin{cases} G_{\text{TAR}}(t)=\left[\dfrac{f_{\text{sp}}-f(t)}{0.04f_n}\right]\times G_{\text{MAX}} \\ G(t+u_t)=G(t)+\left[G_{\text{TAR}}(t)-G(t)\right]\times M\times u_i \end{cases} \tag{4.17}$$

式中，f_{sp} 是频率设置点（set point）；G_{MAX} 表示发电机的最大能源输出；参数 $M=5$、$u_i=1$。

频率变得稳定时，当前频率可能并不等于正常频率。然后，直接负载控制器将被激活，输出负载 L_D 满足文献[7]：

$$\begin{cases}\min\left\{L_{\mathrm{terminal}}(t)-\dfrac{f_{\mathrm{sp}}-f_n}{2}\cdot G_{\mathrm{MAX}},\ L_{\mathrm{U}}(t)\right\},\ f(t)<f_n\\ \min\left\{\dfrac{f_{\mathrm{sp}}-f_n}{2}\cdot G_{\mathrm{MAX}}-L_{\mathrm{terminal}}(t),\ L_{\mathrm{R}}(t)\right\},\ f(t)>f_n\end{cases}\tag{4.18}$$

式中，输出负载指直接负载控制器将要打开或关闭的负载。$L_{\mathrm{terminal}}(t)$ 表示时间 t 时的终端负载总和；$L_{\mathrm{U}}(t)$ 表示时间 t 关闭的负载数量；$L_{\mathrm{R}}(t)$ 表示时间 t 能够打开的负载数量。

直接负载控制组件使用 MATLAB 实现，主要关注智能电网的频率测量值和用户需求测量值。利用需求和产能间的关系，频率可计算为[7]

$$\begin{cases}\omega(t)=2\pi\times f_t\\ \alpha=\dfrac{2\times G_{\mathrm{MAX}}\times h}{\omega_{\mathrm{nor}}^2}\\ \dfrac{1}{2}\alpha\times\omega^2(t+u_t)=\dfrac{1}{2}\alpha\times\omega^2(t)+\left[G(t)-L_{\mathrm{terminal}}(t)\right]\times u_t\\ f(t+u_t)=\dfrac{\omega(t+u_t)}{2\pi}\end{cases}\tag{4.19}$$

式中，ω_{nor} 表示正常频率下的旋转频率（rotating frequency），参数 $h=4$。

表 4.1 描述了 16 个命令的含义，其中命令 C_1～C_8 由直接负载控制器自动发出。命令 C_9～C_{16} 代表用户需求的改变。直接负载控制器基于频率和用户的当前需求发出命令。用户需求能被用户随机改变。当频率比 50.2Hz 更高或比 49.8Hz 更低，且这种情况持续 40s 时，发电机或者电器将被破坏。

表 4.1　智能电网部分命令集合

命令	描述
C_1/C_{16}	打开 $X\in$(0MW, 120MW)负载
C_2/C_{15}	关闭 $X\in$(0MW, 120MW)负载
C_3/C_{14}	打开 $X\in$[120MW, 240MW)负载
C_4/C_{13}	关闭 $X\in$[120MW, 240MW)负载
C_5/C_{12}	打开 $X\in$[240MW, 480MW)负载
C_6/C_{11}	关闭 $X\in$[240MW, 480MW)负载
C_7/C_{10}	打开 $X\in$[480MW, $+\infty$)负载
C_8/C_9	关闭 $X\in$[480MW, $+\infty$)负载

通过随机改变 $L_{\mathrm{U}}(t)$、$L_{\mathrm{R}}(t)$ 和用户需求，得到一系列历史数据。

2. 智能电网的攻击效果

正常情况下的测量值如图 4.5 所示，图 4.5（a）所示为用户需求的变化，图 4.5（b）所示为频率的变化。这里主要考虑以下两种情况。

情况 1：在时间 $t=0$ 时，需求将从 2400MW 变为 2200MW，然后频率开始抖动。直到 $t=22\text{s}$，频率变得稳定，直接负载控制器发出命令 C_3。最后，频率返回正常值。

情况 2：在时间 $t=0$，需求将从 2400MW 变为 2760MW，然后频率开始抖动。直到时间 $t=22\text{s}$，频率变得稳定，直接负载控制器发出命令 C_6。最后，频率返回正常值。

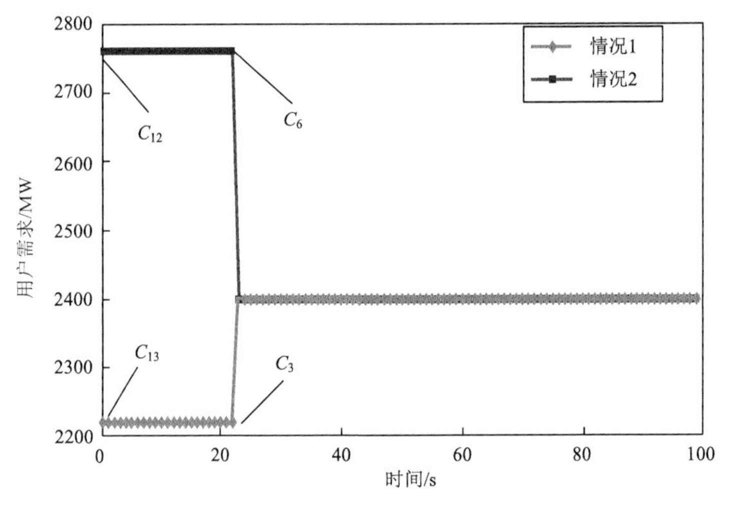

（a）正常情况下测量的用户需求

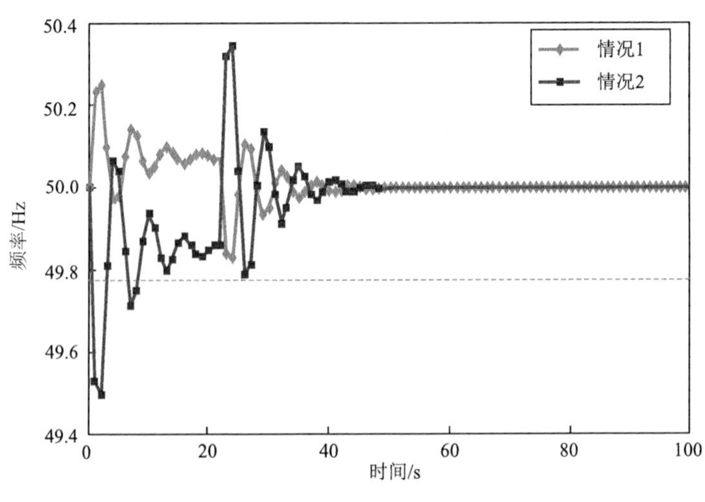

（b）正常情况下测量的频率

图 4.5　正常情况下的测量值

考虑以上两种情况，两个高级感知数据注入攻击案例如下。

攻击案例 1：在情况 1 的场景下，攻击者使用情况 2 的需求和频率测量值来替换当前需求和攻击频率的真实测量值，同时，攻击持续 100s。

攻击案例 2：在情况 2 的场景下，攻击者使用情况 1 的需求和频率测量值替换需求和频率的真实测量值，且攻击持续 100s。

图 4.6 所示为两个攻击案例下的真实测量值。对于攻击案例 1 而言，比较图 4.5（a）和图 4.6（a），由于使用情况 2 的测量值作为数据注入，直接负载控制器将认为频率比当前频率低，因此，命令“关闭负载”在时间 $t = 22$s 时发出。然而，如图 4.6（a）所示的真实需求比发电输出更小，上述操作使得频率偏差更大。最后，频率将比阈值 50.2Hz 更大，这种情况将维持长时间保持不变。直到时间 $t = 100$s，发电机从电网断连且电器可能被破坏。

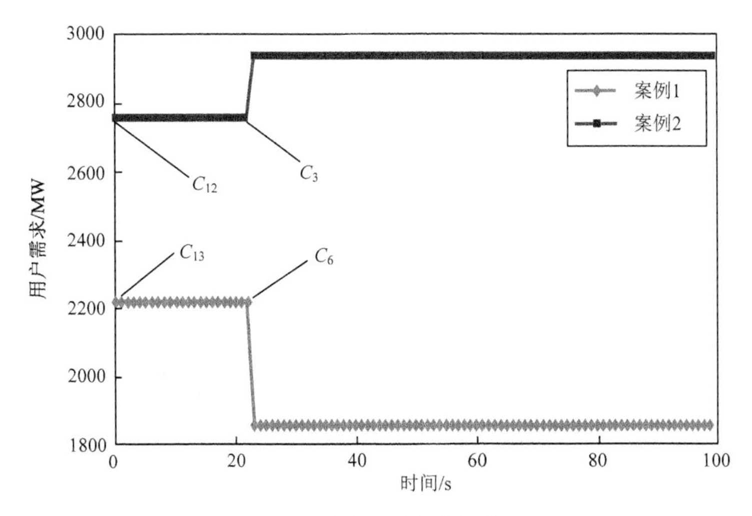

（a）两个攻击下的实际需求

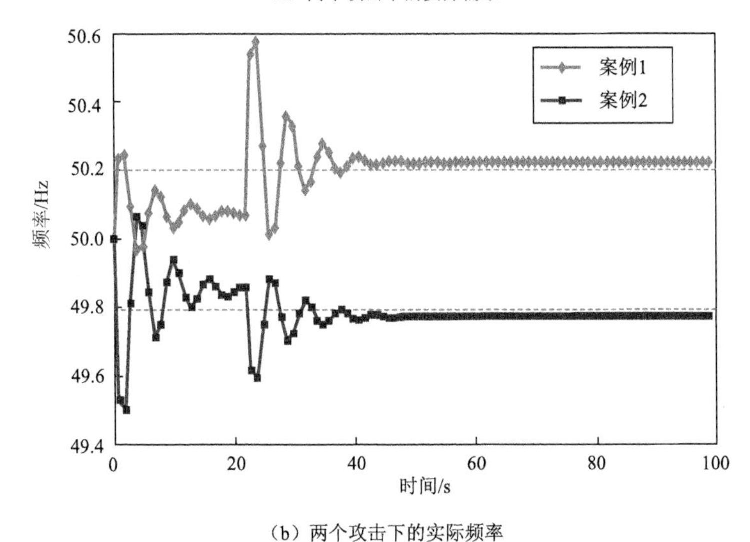

（b）两个攻击下的实际频率

图 4.6　两个攻击案例下的真实测量值

对于攻击案例 2，比较图 4.6（b）和图 4.5（b），因为利用情况 1 测量值作为错误数据注入，直接负载控制器认为频率比正常频率更大。因此，命令“打开负载”在时间 t=22 发出。然而，实际情况是需求比产能更大且上述操作导致频率的偏差比正常情况下更大。最后，频率变得比阈值 49.8Hz 更低，且这种情况维持很长时间不变。直到 t=100，发电机将从电网断连且电力设备或许被破坏。

从以上的结果可知，在智能电网中，高级感知数据注入攻击能够引起严重破坏。

3. 智能电网检测器检测性能

首先介绍两个性能测量指标：假阳率和假阴率。假阳率指正常但被检测器认为是异常的样本占所有正常样本的比率。假阴率指异常但被认为是正常的样本占所有异常样本的比率。

命令 C_1～C_{16}，看作实时命令。比较 HDLD 和 FDML，发起 50000 次高级感知数据注入攻击。每一次攻击持续 120s。同时，将相同情况的 50000 个正常状态下的数据作为正常样本，其中 49000 个攻击样本和 49000 个正常样本作为训练数据，剩下作为测试数据。

通过 Python 实现 HDLD 和 FDML 两个检测器。在对应的数据集上，两个检测器性能如图 4.7 所示，其中 $k_c = 5$。

在图 4.7（a）中，随着 l_d 值的改变，能看到 HDLD 的假阳率比 FDML 的假阳率更低。在图 4.7（b）中，随着 l_d 值的改变，能看到 HDLD 的假阴率比 FDML 的假阴率更低。更重要的是，当 l_d 比较小时，如 $l_d = 1$ 时，假阳率是非常小的。同时，假阴率要低于 20%，这意味着 HDLD 能够提供比较满意的检测结果。

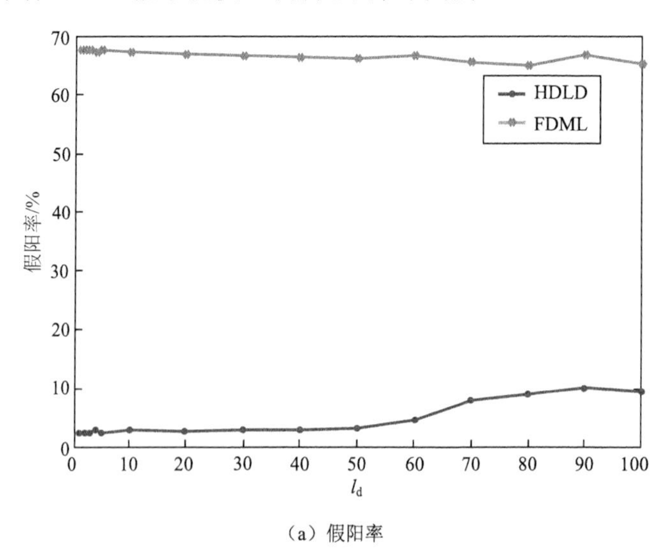

（a）假阳率

图 4.7　智能电网检测器检测性能

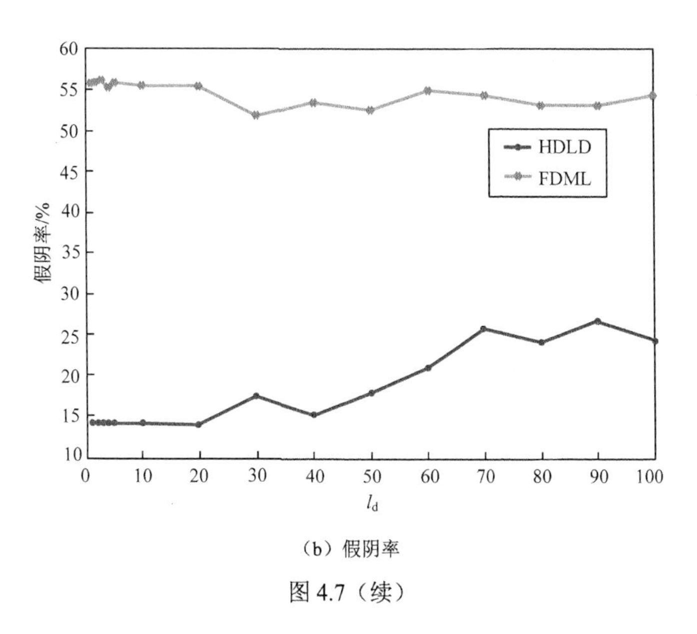

（b）假阴率

图 4.7（续）

4.5.2　罐系统仿真

1. 场景描述

通过 MATLAB/Simulink 仿真罐系统。多罐系统结构如图 4.8 所示。罐系统控制器通过合成原料 A、原料 B 和原料 D，基于用户请求来产生液体 C、E、F 和 G。当原料 A 和原料 B 的比率为 1 时，产生液体 C；当原料 A 和原料 B 的比率为 3 时，产生液体 G；当原料 A 和原料 D 的比率为 1 时，产生液体 E；当原料 A 和原料 D 的比率为 3 时，产

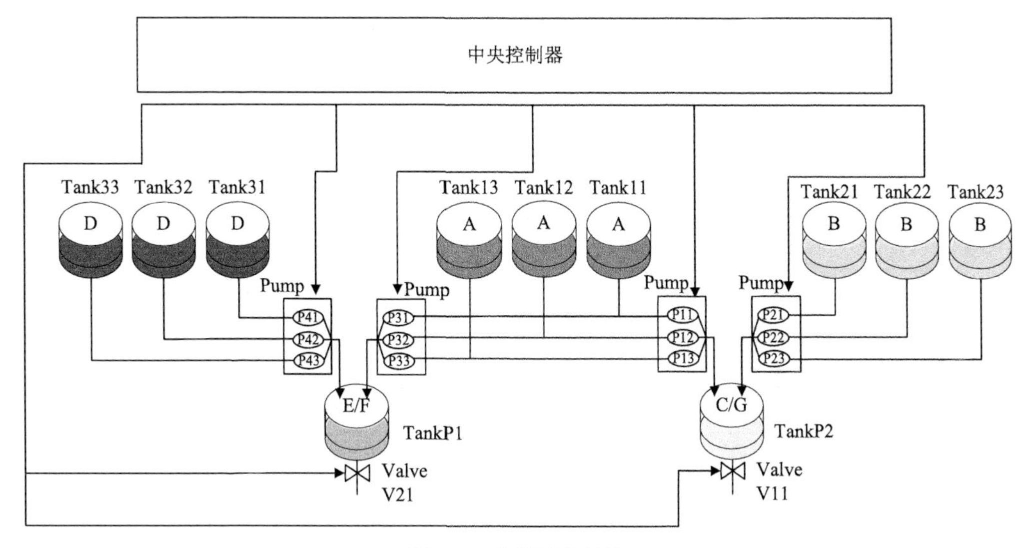

图 4.8　多罐系统结构

生液体 F。每一次罐系统仅产生一种产品。每一种元素能被三个罐提供并且其流出罐的速度为 3mL/s。每个罐都有一个传感器实时测量当前原料或产品的数量，并由多个开关控制着不同罐液体的流入和流出。一个产品合成时，对应输出阀门被打开，液体将以 6mL/s 的速度流出。罐系统也提供一个传感器以指示需要哪个服务。服务需求包括以下 6 种可能。

1）服务 1 产生 60×3×2mL 液体 C。

2）服务 2 产生 60×3×4mL 液体 C。

3）服务 3 产生 60×3×4mL 液体 G。

4）服务 4 产生 60×3×2mL 液体 E。

5）服务 5 产生 60×3×4mL 液体 E。

6）服务 6 产生 60×3×4mL 液体 F。

下面通过产生 60×3×4mL 液体 C 为例来说明以上过程。

初始状态为 s_0，当服务 2 被请求时，状态变为 s_2，同时控制器发出命令打开两个开关，输入元素 A 到罐 TankP2（如 P11 和 P12）。然后，状态将从 s_2 变为 s_8。直到系统状态变为 s_{14}，关闭开关的命令被发出。在大约 60s 之后，系统自动发出命令打开开关 V11。然后，系统状态变为 s_{19}。

表 4.2 和表 4.3 列出了系统命令和系统状态。通过随机请求不同服务，得到一系列正常历史数据。

表 4.2　罐系统命令描述

命令	描述
P11o/P11f	打开/关闭 Pump P11
P12o/P12f	打开/关闭 Pump P12
P13o/P13f	打开/关闭 Pump P13
P21o/P21f	打开/关闭 Pump P21
P22o/P22f	打开/关闭 Pump P22
P23o/P23f	打开/关闭 Pump P23
P31o/P31f	打开/关闭 Pump P31
P32o/P32f	打开/关闭 Pump P32
P33o/P33f	打开/关闭 Pump P33
P41o/P41f	打开/关闭 Pump P41
P42o/P42f	打开/关闭 Pump P42
P43o/P43f	打开/关闭 Pump P43
V11o/V11c	打开/关闭 Valve V11

续表

命令	描述
V21o/V21c	打开/关闭 Valve V21
Rs 1～6	请求服务 1～6

表 4.3　罐系统状态描述

状态	描述
s_0	无请求
s_1 / s_2	请求服务 1/服务 2
s_3 / s_4	请求服务 3/服务 4
s_5 / s_6	请求服务 5/服务 6
s_7 / s_8	在服务 1 或 2 中输出原料
s_9 / s_{10}	在服务 3 或 4 中输出原料
s_{11} / s_{12}	在服务 5 或 6 中输出原料
s_{13} / s_{14}	在服务 1 或 2 中得到产品
s_{15} / s_{16}	在服务 3 或 4 中得到产品
s_{17} / s_{18}	在服务 5 或 6 中得到产品
s_{19}	阀门 V11 打开
s_{20}	阀门 V12 打开

2. 罐系统攻击效果

本节使用一个攻击案例来说明攻击效果。通过分析历史数据，能够得到参数 $\boldsymbol{A}=\boldsymbol{E}_{11\times11}$，其中 $\boldsymbol{E}$ 表示识别矩阵。每一次用户请求一个服务，然后系统状态变为 s_0。从历史数据中选择如下两个状态转换路径来产生攻击路径：

$$\begin{cases}\text{Path 4: } s_0 \xrightarrow{\text{Rs5}} s_5 \xrightarrow{\text{P33o,P32o,P42o,P41o}} s_{11} \to s_{17} \xrightarrow{\text{P33f,P32f,P41f,P42f,V21o}} s_{20} \\ \text{Path 5: } s_0 \xrightarrow{\text{Rs3}} s_3 \xrightarrow{\text{P11o,P12o,P13o,P21o}} s_9 \to s_{15} \xrightarrow{\text{P11f,P12f,P13f,P21f,V11o}} s_{19}\end{cases} \tag{4.20}$$

在时间 $t=2580\text{s}$ 时，系统状态是 s_0，用户需要液体 G。在时间 $t=2581\text{s}$ 时，高级感知数据注入攻击被发起，错误数据告诉控制器需要服务 5。攻击者希望控制器执行路径 4。图 4.9（a）和（b）分别描述了正常情况和攻击情况下罐 TankP2 和罐 TankP1 的生产情况，可清晰观察到持续需要液体 G 和液体 F。然而，在图 4.9（b）中，实际生产的是液体 E（服务 5）。以上结果说明了高级感知数据注入攻击在罐系统上的攻击效果。

3. 检测器在罐系统上的检测性能

命令 Rs1～Rs6 是实时命令，其他命令被看作持续命令。不同时刻点随机发起 50000 次高级感知数据注入攻击。每一次攻击将持续 120s。选择不带攻击的相同数据作为正常样本。49000 个攻击样本和 49000 个正常样本用来作为训练样本，剩余 1000 个正常样本和 1000 个异常样本用来作为测试数据。

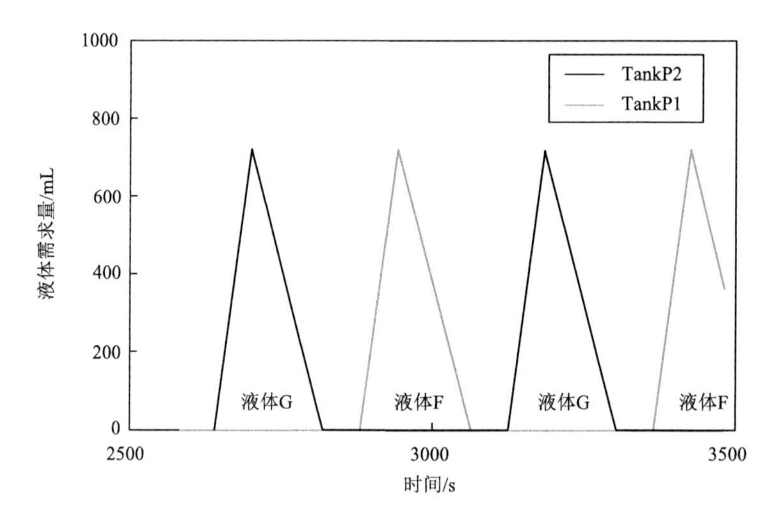

（a）正常情况下的生产

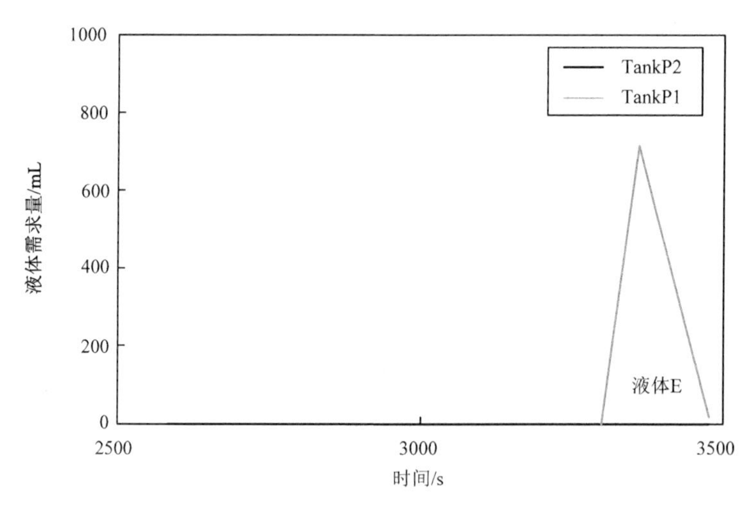

（b）攻击情况下的生产

图 4.9　正常和攻击情况下的生产

图 4.10 所示为检测器在罐系统上的检测性能。随着 l_d 值的改变，能看到 FDML 在检测高级感知数据注入攻击时是无效的，产生特别高的假阳率和假阴率。相反的，HDLD 能提供更好的检测结果，完全没有发生误判。

结合以上智能电网和罐系统两个案例，可知高级感知数据注入攻击持续性降低系统性能甚至长时间破坏物理系统。同时，建议的检测方法是非常有效的。然而，还有一些问题没有考虑，例如，命令数量和传感器的数量过大时，将降低 HDLD 性能，而降低样本维度或许能够解决以上问题。

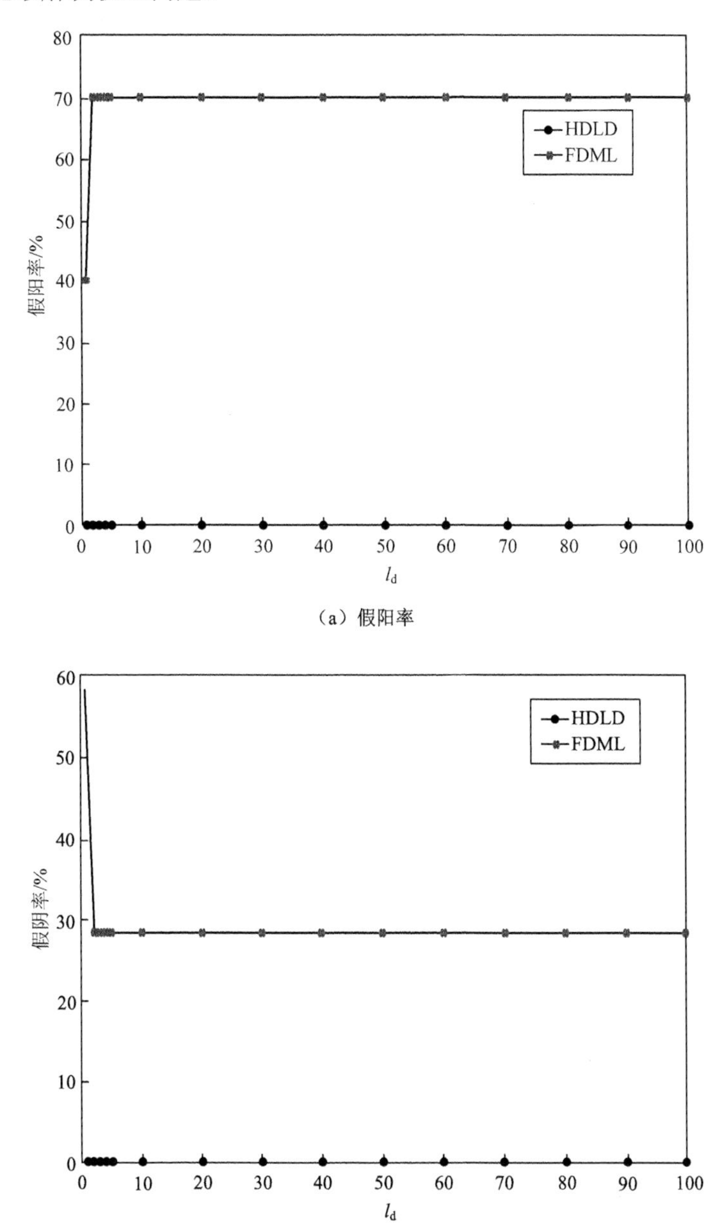

（a）假阳率

（b）假阴率

图 4.10　检测器在罐系统上的检测性能

本 章 小 结

本章研究了高级感知数据注入攻击策略，关注了持续性感知数据注入攻击。为了躲避现有检测方法，达到长期攻击 CPS 的目的，攻击者首先通过获取历史数据分析系统参数，然后分析系统的状态转换过程，选择两个状态转换路径并在合适的时间点，开始持续性注入恶意数据，以至于长期攻击 CPS。

基于第一偏差的 HDLD 包括三个组件：数据处理组件、样本产生组件和分类器组件。检测器同时收集命令数据和感知数据，将命令数据转换为连续的信号模式，然后将两类数据合并，使用第一偏差算法产生样本，利用 KNN 技术构造的分类器识别异常。最后，通过仿真验证了高级感知数据注入攻击的有效性和基于第一偏差的 HDLD 识别攻击的有效性，结果表明高级感知数据注入攻击相比于一次性注入数据，具有更好的隐蔽性和更持续性的破坏作用；基于第一偏差的 HDLD 在检测高级感知数据注入攻击时，具有良好的检测效果。

参 考 文 献

[1] LIU X, LI Z. Local load redistribution attacks in power systems with incomplete network information[J]. IEEE Transactions on Smart Grid, 2014, 5(4): 1665-1676.

[2] VU Q D, TAN R, YAU D K Y. On applying fault detectors against false data injection attacks in cyber-physical control systems[C]// 35th Annual IEEE International Conference on Computer Communications (INFOCOM). San Francisco: IEEE, 2016: 1-9.

[3] DANG H, HUANG Y, CHANG E C. Evading classifiers by morphing in the dark[C]// ACM SIGSAC Conference on Computer and Communications Security. Dallas: ACM, 2017: 119-133.

[4] WANG J, TU W, HUI L C, et al. Detecting time synchronization attacks in cyber-physical systems with machine learning techniques[C]// IEEE 37th International Conference on Distributed Computing Systems (ICDCS). Atlanta: IEEE, 2017: 2246-2251.

[5] GIANI A, BITA E, GARCIA M, et al. Smart grid data integrity attacks: characterizations and countermeasures[C]// IEEE International Conference on Smart Grid Communications (SmartGridComm). Brussels: IEEE, 2011: 232-237.

[6] JIANG M, MUNAWAR M A, REIDEMEISTER T, et al. Machine learning methods for attack detection in the smart grid[J]. IEEE Transactions on Neural Networks and Learning Systems, 2016, 27(8): 1773-1786.

[7] SHORT J A, INFIELD D G, FRERIS L L. Stabilization of grid frequency through dynamic demand control[J]. IEEE Transactions on Power Systems, 2007, 22(3): 1284-1293.

第 5 章　命令拆分攻击模式及其检测

控制器是关键基础设施信息物理系统（CPS）的核心组件之一，通过发出不同的控制命令来控制物理系统的正常运行。当控制器被恶意操纵或者控制命令在传输过程中被修改时，系统可能出现严重故障。为了防止上述情形的出现，控制器通常被严密保护，攻击者很难入侵控制器修改控制命令，因此，许多情况下研究人员假设控制器对系统的控制是不能修改的。

但是，攻击者仍然可能会采用更高级更隐蔽的控制命令攻击模式。例如，通过入侵分层控制系统的命令聚合器（子控制器，如 PLC）修改被拆分的命令，达到非法操控物理过程的目的。命令拆分攻击可基于错误命令分发（WCA）模式和错误命令序列（FCS）模式，并可能采用多种形式来实现攻击。基于双层命令序列关联的检测方法，利用中央控制器的命令和执行器的输入控制信号间的关联，可以有效识别这种攻击。

5.1　分层控制系统模型

在许多大规模的 CPS 内，为了实现控制的灵活性，除了传统的中央控制器，往往采用典型的层次化子控制器结构[1-3]。层次化控制结构由一个中央控制器和许多子控制器构成。子控制器大多位于通信系统和物理系统中，负责命令的拆分。例如，电力网络中减少 70MW 负载的命令将由整个电网执行。控制命令可被多个子控制器拆分。例如，参照每个控制区域当前能够关闭负载的能力，告知对应控制区域减少 10MW、20MW 和 40MW 的负载，以上拆分过程直到终端设备获得控制信号而停止[4-5]。

由于控制命令决定着物理过程的操作，因此，保障控制器的安全是非常必要的。在 CPS 内，许多防护手段用于保障控制器安全，然而，对于分布式的层次化结构的子控制器，由于资源的不充分且分布范围广，防御变得复杂和困难。特别地，随着通信基础设施日益开放，新的脆弱性正在不断被发现[6-7]。高水平的攻击者能够获得许多机会远程入侵子控制器，并注入恶意命令和修改传感器的感知数据。

为了更好地维护系统安全，需要站在攻击者的角度，研究命令拆分这一类高级的命令信息注入攻击策略。本章描述的攻击模型与检测方法主要利用了子控制器的特点，而子控制器在第 4 章的系统模型中并未被详细描述。因此，在这一节，首先介绍带层次子控制器结构的系统模型。

图 5.1 所示为典型应用的层次化控制器结构的系统模型，由中央控制器、子控制器、执行器和传感器构成。中央控制器参照物理系统的状态发出控制命令到子控制器。子控

制器负责命令的拆分和将传感器的测量值反馈到中央控制器。存在多层子控制器，上层子控制器发送被拆分的命令到下一层子控制器。子命令被组件拆分，直到最低层子控制器发送子命令到执行器。执行器执行子命令实现物理过程，以至于物理状态再一次发生改变。当前的物理系统状态通过评估传感器的值获得，然后控制器进一步发出命令去控制系统。图 5.1 描述了一个命令拆分的例子，命令 $C(t)=\{c_1,c_2,\cdots,c_i,\cdots,c_m\}$ 在时间 t 同时被控制器发出，c_i 表示一种命令。在多层子控制器拆分这些命令之后，子命令 $\mathrm{AC}(t)$ 被执行器执行。

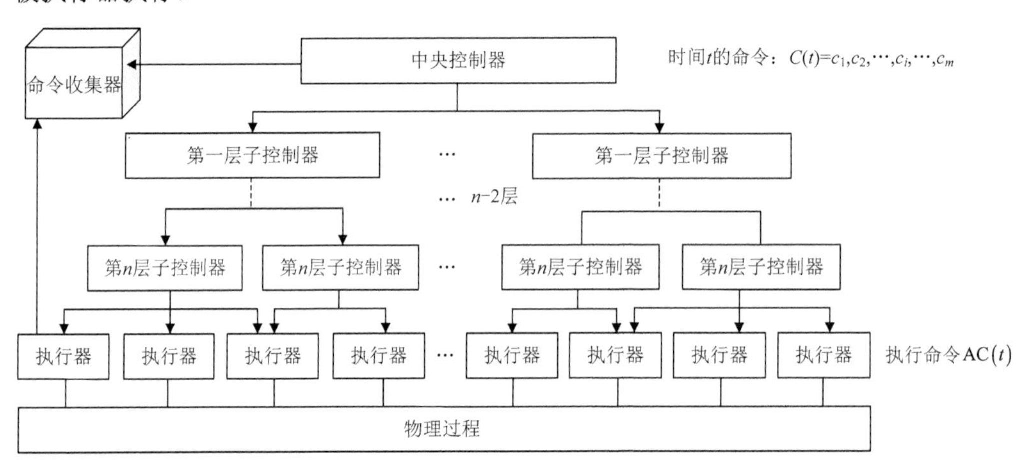

图 5.1　应用多层子控制器的 CPS 系统模型

使用六元组定义的系统模型为

$$P=\{C,T,S,\mathrm{AC},R,F\} \tag{5.1}$$

式中，$C=\{c_1,\ c_2,\cdots,c_i,\cdots,c_{n_c}\}$ 表示中央控制器发出的控制命令集合。c_i 表示第 i 种命令。n_c 表示控制命令的数量。$C(k)=\{c_i,\cdots,c_j\}$ 表示中央控制器在时间 k 发出的命令集合。

$T=\{t_1,\ t_2,\cdots,t_i,\cdots,t_{n_T}\}$ 是系统时间序列的集合。一个时间序列表示一个传感器随时间改变的测量值。$t_i=\{t_i(1),\ t_i(2),\cdots,t_i(l),\cdots,t_i(k)\}^{\mathrm{T}}$ 表示第 i 个传感器随时间改变的测量值序列。$t_i(l)$ 表示第 i 个传感器在时间 l 的感知测量值。n_{T} 表示传感器的数量。

$S=\{s_1,\ s_2,\cdots,s_j,\cdots,s_{n_S}\}$ 是一组物理系统状态的集合。$s_j=\{a_1,\ a_2,\cdots,a_{n_a}\}^{\mathrm{T}}$ 表示系统的第 j 个状态，$a_i\in\mathcal{R}$，检测器和控制器基于传感器的测量值在时间 k 去评估系统状态，可计算为

$$\overline{\boldsymbol{S}(k)}=\boldsymbol{C}_{\mathrm{matrix}}\times\boldsymbol{T}(k) \tag{5.2}$$

其中，$\boldsymbol{C}_{\mathrm{matrix}}\in\mathcal{R}^{n_a\cdot n_d}$ 是系统的定值矩阵。$\overline{\boldsymbol{S}(k)}\in\boldsymbol{S}$ 表示在时间 k 的评估状态，正常情况下 $\overline{\boldsymbol{S}(k)}=\boldsymbol{S}(k)$。$\boldsymbol{T}(k)=\{t_1(k),\ t_2(k),\cdots,t_i(k),\cdots,t_{n_d}(k)\}^{\mathrm{T}}$，其中 $t_i(k)$ 表示第 i 个传感器在时间 k 的测量值。

$\mathrm{AC}=\{\mathrm{ac}_{11},\cdots,\mathrm{ac}_{ij},\cdots,\mathrm{ac}_{mn}\}$ 是执行器执行的子命令集合。$\mathrm{ac}_{ij}=\{\mathrm{ac}_{ij}(1),\mathrm{ac}_{ij}(2),\cdots,\mathrm{ac}_{ij}(N)\}^{\mathrm{T}}$ 表示中央控制器发出命令 c_i 且系统状态为 s_j 时，执行器执行的子命令向量。元

素 $\mathrm{ac}_{ij}(k)$ 定义将被第 k 个执行器执行的子命令。N 是执行器的数量。每个单位时间，一个执行器仅执行一个子命令。在中央控制器发出的一次命令过程中，一个子控制器也仅拆分来自上层子控制器的一个命令。$\mathrm{AC}(k)=\left\{\mathrm{ac}_{i_1j_1}(1),\cdots,\ \mathrm{ac}_{i_Nj_N}(N)\right\}^{\mathrm{T}}$ 表示命令 $C(k)$ 从中央控制器发出时对应的子控制命令。$\mathrm{AC}(i,k)$ 是 $\mathrm{AC}(k)$ 的一个元素，表示被第 i 个执行器执行的子命令。在时间 k，系统状态 $S(k)$ 由 $\overline{\boldsymbol{S}(k-d_k)}$ 和 $\mathrm{AC}(k-d_k)$ 决定，描述为

$$\boldsymbol{S}(k)=\boldsymbol{A}\times\overline{\boldsymbol{S}(k-d_k)}+\boldsymbol{B}\times\mathrm{AC}(k-d_k) \tag{5.3}$$

其中，$\boldsymbol{A}\in\mathcal{R}^{n_a\cdot n_a}$、$\boldsymbol{B}\in\mathcal{R}^{n_a\cdot N}$ 是固定矩阵；d_k 是两个相邻系统发出控制命令的时间间隔。

$R=\left\{r_1,\ r_2,\cdots,r_{n_S\cdot n_C}\right\}$ 是一组描述系统状态和命令的关系集合。$r_{\mathrm{d}}=<s_j,c_i,\mathrm{ac}_{ij}>$ 表示当系统状态是 s_j、控制器的命令是 c_i 时，被执行的子命令是 ac_{ij}。

$F=\left\{f_1,f_2,\cdots,f_{n_F}\right\}$ 是状态集合 S 的一个子集。当系统状态 $f_i\in F$ 时，系统被破坏。

准确地反馈数据和命令对于系统的正常运行是至关重要的。当采用认证[8]和加密[9]等安全机制来保护传感测量数据和控制命令数据的传输时，数据注入攻击的发生可能性将会降低。然而，当攻击者入侵和操纵 PLC 固件时，将会绕过这些防御机制。而且，对于许多物理设备来说，因为投资大，增加这些固有的防御措施并不受欢迎；另外，安全机制可能导致物理系统响应延迟，无法满足一些实时需求。在本章的后续研究中，假设攻击者能够绕过这些防御机制入侵子控制器。

符号 $\mathrm{subCom}(c_i)$ 表示一个集合，其元素 x 满足

$$\begin{cases}x\in\mathrm{AC}\\ <c_i,s_j,x>\in\mathcal{R}\end{cases} \tag{5.4}$$

为了描述攻击模型，定义两个符号“-”和“+”。对于任意两个集合 Q_1 和 Q_2，$Q_1+Q_2=\left\{e\middle|e\in Q_1\cup e\in Q_2\right\}$，$Q_1-Q_2=\left\{e\middle|e\in Q_1\cap e\notin Q_2\right\}$。

5.2　命令拆分攻击模式及模型

下面介绍命令拆分的两种模式——WCA 和 FCS，并分析具体实现的模型和方法。

5.2.1　WCA 模式

WCA 模式指命令 c_i 在系统状态 s_k 情况下被拆分，子命令在遭遇攻击情况下，可能被发送到错误的执行器，也可能被改变为其他子命令，以至于子命令集合 ac_{ik} 被改变为 ac_{jl} 的情况发生。主要存在两种 WCA 模式：错误命令内部分发（wrong command inside attack，WCIA）和错误命令外部分发（wrong command outside attack，WCOA）。当错误的子命令 $\mathrm{ac}_{jl}\in\mathrm{subCom}(c_i)$ 时，发生的是 WCIA；当 $\mathrm{ac}_{jl}\notin\mathrm{subCom}(c_i)$ 时，发生的是 WCOA。图 5.2 给出一个例子来说明上述两种情况。c_1、c_2、c_3、c_4 是来自控制器的命

令，s_1、s_2是物理系统状态。在不同的系统状态下发出命令去关闭不同阀门进行不同操作。当命令是c_1且系统状态是s_1时，如果攻击使得阀门 2 被打开，这种情况被称为 WCIA，属于c_1下的子命令，但是错误的状态；当攻击使得阀门 3 或者阀门 4 打开，不属于c_1下的子命令，这种情况被称为 WCOA。

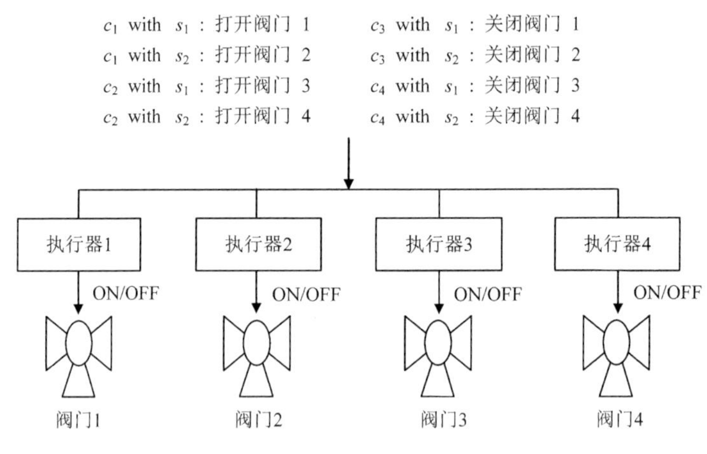

图 5.2　WCA 模式的例子

下面开始描述实现以上两种情况的攻击模型。

1. 基于 WCIA 模式的攻击模型

基于 WCIA 模式的攻击中，攻击者通过注入错误的感知数据干扰系统状态的评估，如图 5.3 所示。具体过程包括信息收集和错误感知数据注入等步骤。

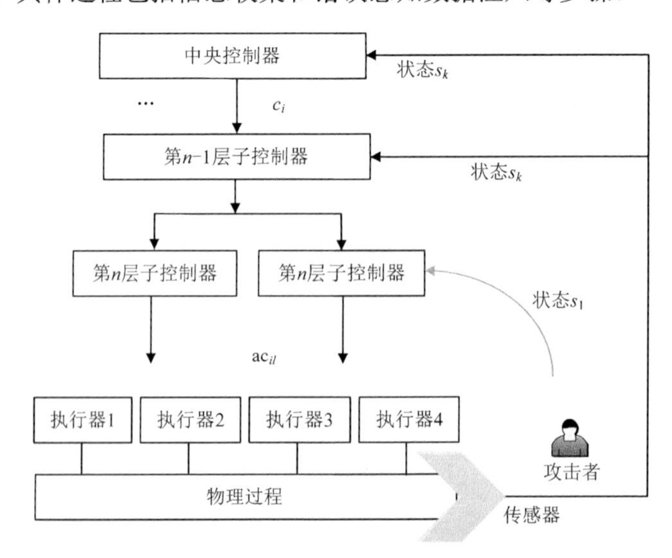

图 5.3　基于 WCIA 模式的攻击模型

（1）信息收集

在时间 t，攻击者首先找到一组满足式（5.5）的命令 $C(t)$ 和 c_i、状态 s_k 和 s_l：

$$\begin{cases} c_i \in C(t) \\ <s_k, c_i, \mathrm{ac}_{ik}> \in \mathcal{R} \\ <s_1, c_i, \mathrm{ac}_{il}> \in \mathcal{R} \\ s_m = A \times s_k + B \times \left[\mathrm{AC}(t) - \mathrm{ac}_{ik} + \mathrm{ac}_{il}\right] \\ s_m \in F_s \end{cases} \tag{5.5}$$

（2）错误感知数据注入

当攻击者发现当前系统状态 s_k 和命令 c_i 将被拆分时，攻击者注入坏数据进入负责拆分 c_i 的子控制器去通知它们当前系统状态是 s_l。对于不同的 c_i，攻击者需要攻击不同的子控制器去达到不同的目的。如果攻击者注入坏数据到第 i 层的一个子控制器，第 $i+1$ 层负责拆分对应命令的子控制器也会被攻击。攻击之后，命令拆分被影响，执行的子命令将从 ac_{ik} 变为子命令 ac_{il}。当 ac_{il} 被执行时，系统状态将变成 $s_m \in Fs$，故障出现。为了躲避检测，攻击者再一次向子控制器中注入错误的感知数据，这一过程需要将系统状态从 s_m 变为 s_i（$s_i = A \times s_k + B \times \mathrm{AC}(t)$）。不同于第一次错误反馈数据注入，这一次的错误感知数据注入需要使中央控制器和对应子控制器都得到，针对这一点，攻击者可以通过直接入侵传感器实现上述目的。

2. 基于 WCOA 模式的攻击模型

在 WCOA 模式的攻击中，攻击者不仅需要注入坏数据，还要尽力修改控制命令，如图 5.4 所示。具体过程包括信息收集、命令修改和错误感知数据注入等步骤。

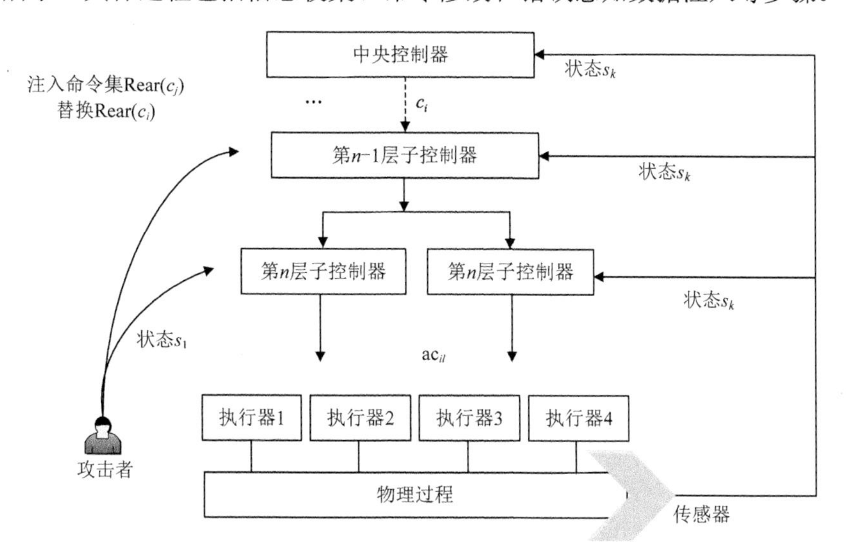

图 5.4　基于 WCOA 模式的攻击模型

（1）信息收集

攻击者首先需要满足式（5.6）的命令 $C(t)$、c_i 和 c_j，状态 s_k 和 s_l：

$$\begin{cases} c_i \in C(t) \\ < s_k, c_i, \mathrm{ac}_{ik} > \in \mathcal{R} \\ < s_l, c_j, \mathrm{ac}_{jl} > \in \mathcal{R} \\ s_m = A \times s_k + B \times \left[\mathrm{AC}(t) - \mathrm{ac}_{ik} + \mathrm{ac}_{jl} \right] \\ s_m \in F_s \end{cases} \tag{5.6}$$

（2）命令修改

定义符号 $\mathrm{Rear}(c_i)$ 表示命令 c_i 被某一中间层子控制器拆分后的子命令集合。不像 WCIA 模式，在命令 c_i 已经被拆分为 $\mathrm{Rear}(c_i)$ 后，攻击者将命令 $\mathrm{Rear}(c_i)$ 改作 $\mathrm{Rear}(c_j)$，然后将它们传递到下一层子控制器。

（3）错误感知数据注入

当被拆分命令已经被修改时，攻击者需要注入错误感知数据到被攻击子控制器的下一层子控制器。注入的错误数据通知下一层子控制器当前状态是 s_l，而实际的系统状态是 s_k。如果下一层子控制器接收的命令仍然需要拆分，攻击者需要再向对应的子控制器的下一层注入坏数据。因此，攻击者在攻击时，应该尽量去控制与执行器最接近的子控制器以减少被俘获子控制器的数量。

当子命令 ac_{jl} 被执行器执行时，攻击者也能重新注入错误的反馈数据去迷惑控制器，被修改的状态应该被改为 s_i（$s_i = A \times s_k + B \times \mathrm{AC}(t)$）。

5.2.2 FCS 模式

FCS 模式的命令拆分攻击的原理描述如下。在正常情况下，如果 c_i 在中央控制器发出命令 c_j 之前被执行，执行器应该首先执行 c_i 拆分的子命令，然后执行 c_j 拆分的子命令。从控制器的角度看，$< c_i, c_j >$ 可看作一个序列化命令，然而，当基于 FCS 模式的攻击发生时，执行器执行序列 $< c_j, c_i >$。为了实现上述目标，攻击者需要延迟命令 c_i 的拆分，同时通知控制器 c_i 已经被执行和从控制器发出 c_j。实际上，攻击者要等到 c_j 被执行后，再拆分 c_i。例如，在图 5.5 所示的例子中，在正常情况下，控制器首先在系统状态 s_l 下发出命令 c_1，然后发出命令 c_3。如果 c_3 在 c_1 被拆分之前拆分，将出现 FCS。FCS 的具体过程包括信息收集、时间延迟攻击和错误感知数据注入等步骤，具体描述如下。

1. 信息收集

攻击者首先找到满足式（5.7）的命令序列 $< C(t - d_t), C(t) >$。

$$\begin{cases} c_i \in C(t-d_t) \\ c_i \in C(t) \\ < s_k, c_i, \mathrm{ac}_{ik} > \in \mathcal{R} \\ < s_i, c_i, \mathrm{ac}_{ii} > \in \mathcal{R} \\ s_l = A \times s_k + B \times \mathrm{AC}(t-d_t) \\ s_i = A \times s_l + B \times \mathrm{AC}(t) \\ s_h = A \times s_k + B \times \left[\mathrm{AC}(t-d_t) - \mathrm{ac}_{ik}\right] \\ s_n = A \times s_h + B \times \mathrm{AC}(t) \\ s_m = A \times s_n + B \times \mathrm{ac}_{ii} \\ s_m \in F_s \end{cases} \tag{5.7}$$

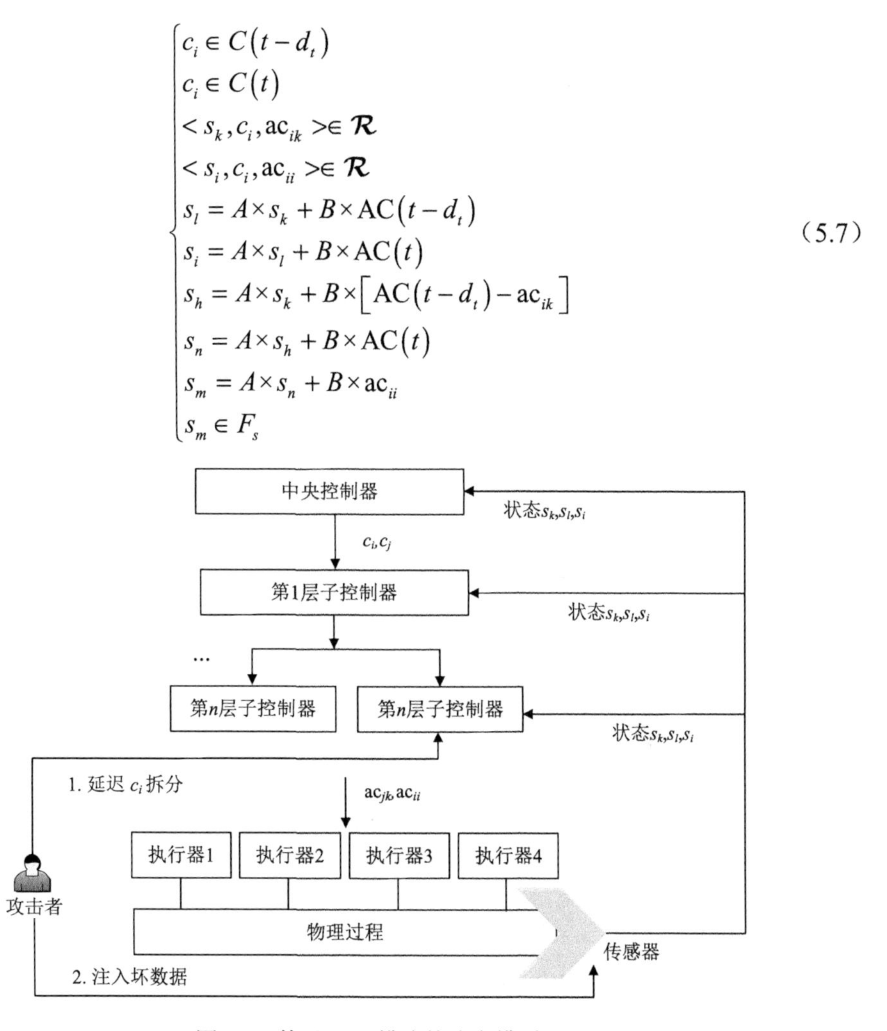

图 5.5　基于 FCS 模式的攻击模型

2. 时间延迟攻击

攻击者操纵子控制器延迟对命令 c_i 的拆分，使其在 c_j 执行后被拆分。

3. 错误感知数据注入

命令 $C(t-d_t)$ 在系统状态为 s_k 时由控制器发出。在子命令 $\mathrm{AC}(t-d_t)-\mathrm{ac}_{ik}$ 由对应命令 $C(t-d_t)-c_i$ 拆分后执行，实际物理系统状态从 s_k 变为 s_h。因为当前的系统状态不是 s_l，控制器并不发出命令 $C(t)$。因此，攻击者将坏数据注入传感器去诱导系统状态的评估。当控制器得到错误的系统状态 s_l 时，控制器发出命令 $C(t)$。在命令 $C(t)$ 被拆分为 $\mathrm{AC}(t)$ 并被执行后，系统状态变为 s_n。为了使命令 c_i 被拆分，攻击者需要再次注入恶意数据告诉控制器和子控制器当前系统状态是 s_i。当子命令 ac_{ii} 被执行后，真实的状

态将从 s_n 变为 s_m，从而系统故障发生。攻击者通过避免异常识别，增强攻击效果。为了实现上述目标，数据被持续修改，告诉检测器当前的系统状态是 s_i。

5.2.3 数据驱动的检测方法效能分析

本节主要分析数据驱动检测方法对命令拆分攻击检测的效能。如第 1 章所述，数据驱动的检测方法分为三类：基于感知数据的检测方法、基于命令数据的检测方法和基于混合式数据的检测方法。下面分别讨论这三种方法的检测能力。

1. 基于感知数据的检测方法

检测器与状态评估器的位置相似，都可接收到感知数据。在攻击过程中，5.2 节介绍的攻击模型都需要修改感知数据，但都与第 4 章高级感知数据注入攻击注入的数据一致，能够完全伪装成正常的系统状态，因此基于感知数据的检测方法无法有效识别命令拆分攻击。

2. 基于命令数据的检测方法

命令数据由控制器发出后，检测器直接获取命令进行分析。从 5.2 节介绍的攻击模型能够看出，控制命令在信息系统传输的过程中，并未被修改，因此检测器收到的是系统在正常状态下发出的正常命令，因而，无论检测器利用什么方法进行检测，都无法有效识别命令拆分攻击。

3. 基于混合式数据的检测方法

从上述两种检测方法的讨论中可知，感知数据伪装了系统状态，命令数据是系统正常发出的控制信息，检测器在收集到两类数据后，能够得到的是系统在正常状态下对应的正常命令，因而无法有效识别命令拆分攻击。

5.3 基于双层命令序列关联的检测框架

从 5.2 节的讨论可知，检测器收集到的是系统的原有信息或完全伪造的感知数据，因此无法有效识别攻击。为此需要设计同时收集信息系统控制命令和物理系统控制信号的检测框架。

5.3.1 检测框架

检测框架负责收集命令序列、挖掘关联和识别异常。图 5.6 所示为检测框架结构，由命令收集器、关联分析器、关联数据库、异常检测器四个组件构成。它们的功能如下所述。

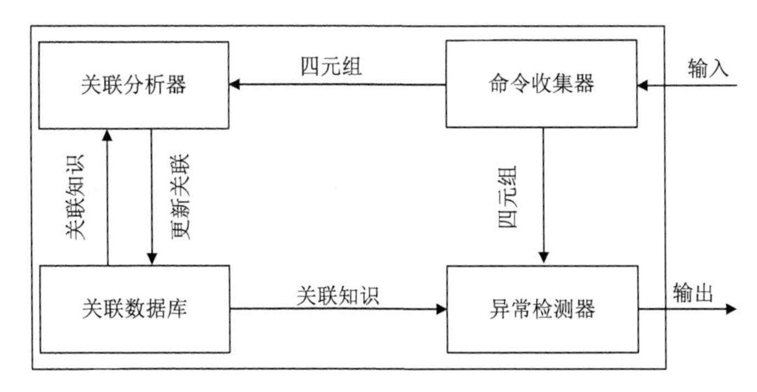

图 5.6　检测框架结构

1. 命令收集器

命令收集器从信息系统和物理系统同时收集命令信息，包括来自中央控制器发出的命令数据和来自物理系统执行器输入的子命令信号。命令收集器每次接收一个四元组 $<C(k),k,\mathrm{AC}(k),t_{\mathrm{AC}(k)}>$，其中，$t_{\mathrm{AC}(k)}=\left\{t_{\mathrm{AC}(k)}(1),t_{\mathrm{AC}(k)}(2),\cdots,t_{\mathrm{AC}(k)}(N)\right\}$，$t_{\mathrm{AC}(k)}(i)$ 表示子命令 $\mathrm{AC}(i,k)\in\mathrm{AC}(k)$ 被第 i 个执行器执行的时间。然后将元组数据传输到关联分析器组件和异常检测器组件。

2. 关联分析器

关联分析器使用最近收集的历史数据，尽力发现在命令和子命令信号间是否存在关联，并对关联数据库进行更新。5.3.2 节讨论挖掘什么关联和怎样挖掘关联。

3. 关联数据库

关联数据库负责存储关联信息，为异常检测器使用。关联信息包含被发现的关联以及命令和子命令出现的次数。

4. 异常检测器

异常检测器直接利用数据库的关联来识别异常。因此，检测器识别异常的时间与关联挖掘的时间是无关的。检测器能够基于四元组的输入实时检测异常。

5.3.2　关联挖掘和异常检测

检测器主要挖掘两类关联：命令和子命令的关联；两个执行子命令的关联。

1. 命令和子命令关联的挖掘

如果执行子命令 $\mathrm{ac}_{ij}(k)$ 通过命令 c_l 的拆分获得，则命令 c_l 和子命令 $\mathrm{ac}_{ij}(k)$ 间存在一个关联，记作 $<1,c_l,\mathrm{ac}_{ij}(k)>$。对于一个输入的四元组，因为多个命令可能同时由控制器发出，所以不能简单地判断一个控制命令和一个子命令之间是否存在关联。因此，需要通过对大量四元组进行分析，使用贪心规则挖掘关联。

首先，定义一个参数置后支持率 $P_{\mathrm{ac}_{ij}(k)}\left[c_l,\mathrm{ac}_{ij}(k)\right]$：表示命令 c_l 被拆分为 $\mathrm{ac}_{ij}(k)$ 的次数与命令 $\mathrm{ac}_{ij}(k)$ 出现数量的比值，计算公式为

$$P_{\mathrm{ac}_{ij}(k)}\left[c_l,\mathrm{ac}_{ij}(k)\right]=\frac{N\left[c_l,\mathrm{ac}_{ij}(k)\right]}{N_{\mathrm{ac}_{ij}(k)}} \tag{5.8}$$

式中，$N\left[c_l,\mathrm{ac}_{ij}(k)\right]$ 表示在有效时间段 T_{interval} 内命令 c_l 由控制器发出后 $\mathrm{ac}_{ij}(k)$ 被执行器执行的次数。$N_{\mathrm{ac}_{ij}(k)}$ 表示子命令 $\mathrm{ac}_{ij}(k)$ 被第 k 个执行器执行的次数。时间段 T_{interval} 的长度依赖于物理系统和传输延迟的特点。

在关联挖掘的开始，有许多四元组，如

$$\left\{<C(1),1,\mathrm{AC}(1),t_{\mathrm{AC}(1)}>,\cdots,<C(k),k,\mathrm{AC}(k),t_{\mathrm{AC}(k)}>,\cdots,<C(T),T,\mathrm{AC}(T),t_{\mathrm{AC}(T)}>\right\}$$

任意子命令 $\mathrm{AC}(k,l)=\mathrm{ac}_{ij}(l)$ 和任意命令 $c_i\in C$ 之间的置后支持率通过分析上述四元组计算得到。对于任意子命令 $\mathrm{ac}_{ij}(l)$，挖掘哪些命令与其相关联的过程可分为验证关联选择和关联验证两个阶段。

（1）验证关联选择阶段

关联分析器仅需要找到满足式（5.9）的命令 c_m：

$$\max_{c_m\in C_{\mathrm{d}}} P_{\mathrm{ac}_{ij}(l)}\left[c_m,\mathrm{ac}_{ij}(l)\right] \tag{5.9}$$

式中，C_{d} 是命令集合。当关联挖掘开始时，它与集合 C 相等。

（2）关联验证阶段

关联分析器判断 c_m 和 $\mathrm{ac}_{ij}(l)$ 是否存在关联。

$S_{\mathrm{d}}\left[\mathrm{ac}_{ij}(l)\right]$ 表示已经被验证且与 $\mathrm{ac}_{ij}(l)$ 相关联的集合。如果 c_m 满足式（5.10），则关联不存在；如果 c_m 不满足式（5.10），则关联存在，增加关联 $<1,c_m,\mathrm{ac}_{ij}(l)>$ 到集合 $S_{\mathrm{d}}\left[\mathrm{ac}_{ij}(l)\right]$。之后，$c_m$ 从集合 C_{d} 移除。

$$\begin{cases}T\left[c_m,\mathrm{ac}_{ij}(l)\right]\not\subseteq T\left[c_n,\mathrm{ac}_{ij}(l)\right]\\ <1,c_n,\mathrm{ac}_{ij}(l)>\in S_{\mathrm{d}}\left[\mathrm{ac}_{ij}(l)\right]\end{cases} \tag{5.10}$$

式中，$T\left[c_m,\mathrm{ac}_{ij}(l)\right]$ 是一个时间段的集合，时间段是指从命令 c_m 发出到执行 $\mathrm{ac}_{ij}(l)$ 的时间点的间隔。例如，$\left[k,t_{\mathrm{AC}(k)}(l)\right]$ 是集合 $T\left[c_m,\mathrm{ac}_{ij}(l)\right]$ 的一个元素。

上述两个阶段被重复执行直到集合 C_{d} 为空集合。

2. 两个执行子命令关联的挖掘

对于与命令 c_l 都相关的子命令 $\mathrm{ac}_{mn}(i)$ 和 $\mathrm{ac}_{pq}(j)$，如果式（5.11）被满足，则命令 $\mathrm{ac}_{mn}(i)$ 和 $\mathrm{ac}_{pq}(j)$ 存在一个关联，记作 $<2,c_l,\mathrm{ac}_{mn}(i),\mathrm{ac}_{pq}(j),\theta^*>$。其中，$\theta^*$ 表示 $\theta\left[c_l,\mathrm{ac}_{mn}(i),\mathrm{ac}_{pq}(j)\right]$。这样的关联意味着在两个子命令的出现次数上存在一个与时间

相关的线性关系，即

$$\begin{cases}\boldsymbol{\Psi}(k)=\left[-y(k-1),\cdots,-y(k-p_n),x(k),\cdots,x(k-p_m)\right]^{\mathrm{T}}\\ \left\|y(k)-\boldsymbol{\Psi}(k)^{\mathrm{T}}\theta\left[c_l,\mathrm{ac}_{mn}(i),\mathrm{ac}_{pq}(j)\right]\right\|<\varepsilon\\ \theta\left[c_l,\mathrm{ac}_{mn}(i),\mathrm{ac}_{pq}(j)\right]=\left[a_1,a_2,\cdots,a_{p_n},b_0,b_1,\cdots,b_{p_m}\right]^{\mathrm{T}}\end{cases}\tag{5.11}$$

式中，$y(k)$和$x(k)$分别表示当命令c_l被第k次发出后，子命令$\mathrm{ac}_{mn}(i)$被第i个执行器执行的次数和子命令$\mathrm{ac}_{pq}(j)$被第j个执行器执行的次数。ε是错误阈值。p_n、p_m和ε是输入参数，由系统特性和数据分析决定。

关键过程是计算参数θ^*，可描述为：关联分析器从关联数据库中得到$O_N=\{x(1),y(1),x(2),y(2),\cdots,x(N),y(N)\}$。$\theta^*$是一个定值参数，能利用最小均方方法得到最小评估错误$E_N(\theta,O_N)$，通过式（5.12）获得。

$$\begin{cases}E_N(\theta^*,O_N)=\dfrac{1}{N}\displaystyle\sum_{t=1}^{N}\left[y(t)-\boldsymbol{\Psi}(t)^{\mathrm{T}}\theta^*\right]\\ \theta^*=\left[\displaystyle\sum_{t=1}^{N}\boldsymbol{\Psi}(t)\boldsymbol{\Psi}(t)^{\mathrm{T}}\right]^{-1}\displaystyle\sum_{t=1}^{N}\boldsymbol{\Psi}(t)y(t)\end{cases}\tag{5.12}$$

计算θ^*后，对于任意$k\in\left[\max(p_m,p_n)+1,\ N\right]$，验证式（5.11）是否满足。如果满足，则存在关联；否则，子命令$\mathrm{ac}_{mn}(i)$和$\mathrm{ac}_{pq}(j)$不存在关联。由于系统性能的降级和行为的改变，关联和历史数据需要更新。在更新的开始，存在的关联将会从数据库中直接移除，新的关联将由以上的过程重新挖掘。

最后，介绍异常检测器的检测过程。异常检测器基于关联的破坏来识别异常。对于来自输入四元组$\{C(k),k,\mathrm{AC}(k),t_{\mathrm{AC}(k)}\}$的子命令$\mathrm{ac}_{mn}(h)\in\mathrm{AC}(k)$，如果检测器在关联数据库中，不能找到命令$c_i\in C(k)$满足$<1,c_i,\mathrm{ac}_{mn}(h)>$，则发出告警。对于任意关联$<2,c_l,\mathrm{ac}_{mn}(i),\mathrm{ac}_{pq}(j),\theta^*>$，如果$c_i=c_l$（$c_i\in C(k)$），异常检测器将要验证在新命令$c_i$和子命令$\mathrm{AC}(k)$下，关联是否被破坏。如果存在的关联被破坏，则发出告警。

5.4 仿真评估

本节通过仿真罐系统和智能电网中的能源贸易系统，说明命令拆分攻击的效果和基于双层命令序列关联的检测框架的有效性。

5.4.1 场景

1. 场景 1：3 罐系统

本场景使用生产相同产品的 100 个子罐系统[10-11]。图 5.7 描述了仿真罐系统的结构。工厂通过合成原料 A 和 B 产生液体 C。原料 A 和 B 的比例是 1∶1，并且允许误差在 10%以内。1mL 原料 A 和 1mL 原料 B 能够合成 2mL 液体 C。原料 A 和 B 从各自存储的罐中以 3mL/s 的速度流出，液体 C 则以 6mL/s 的速度从系统中流出。每个子系统有三个原料 A 罐、三个原料 B 罐和一个用来合成液体的 C 罐。同时，六个开关（pump）用来控制原料的输入和输出，一个阀门（valve）用来输出液体 C。中央控制器发出命令后，群组操作控制器发出相同的命令到所有下一层的子控制器。

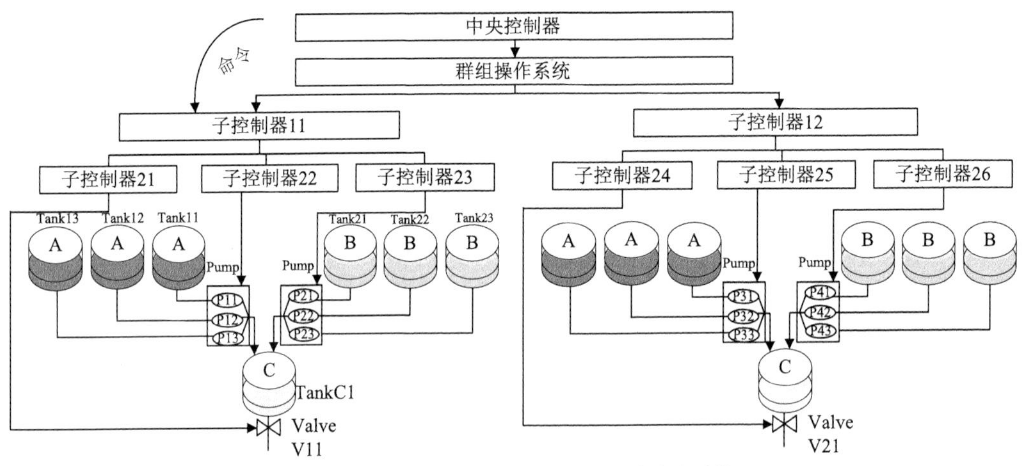

图 5.7 多层子控制器下的仿真罐系统的结构

下面通过一个子系统的描述，来说明上述控制过程的实现。表 5.1 详细描述了 16 个子命令和 7 个传感器的功能。传感器 S11、S12 和 S13 测量原料 A 在罐 Tank11、Tank12 和 Tank13 内的数量。传感器 S21、S22 和 S23 测量原料 B 在罐 Tank21、Tank22 和 Tank23 内的数量。Sv1 测量液体 C 在罐 TankC1 内的数量。

表 5.1 罐系统内的数据描述

命令/时间序列	描述
P11o/P11f	打开/关闭开关 P11
P12o/P12f	打开/关闭开关 P12
P13o/P13f	打开/关闭开关 P13
P21o/P21f	打开/关闭开关 P21
P22o/P22f	打开/关闭开关 P22
P23o/P23f	打开/关闭开关 P23
P11o/P11f	打开/关闭开关 P11
V11o/V11c	打开/关闭开关 V11
T11	传感器 S11 测量值
T12	传感器 S12 测量值
T13	传感器 S13 测量值
T21	传感器 S21 测量值
T22	传感器 S22 测量值
T23	传感器 S23 测量值
Tv1	传感器 Sv1 测量值

以时间 $t = 3\times M + 240\mathrm{s}$ 内产生 $M\times3\times2\times100\mathrm{mL}$ 液体 C 为例说明系统控制过程。中央控制器持续发出命令，包括在时间 0s 打开输出原料 A 开关的 pao 命令，在时间 M 关闭输出原料 A 开关的 pac 命令，在时间 $M + 60\mathrm{s}$ 打开输出原料 B 开关的 pbo 命令，在时间 $2\times M + 60\mathrm{s}$ 关闭输出原料 B 开关的 pbc 命令，在时间 $2\times M + 180\mathrm{s}$ 打开输出液体 C 开关的 pvo 命令，在时间 $3\times M + 240\mathrm{s}$ 关闭输出液体 C 阀门的 pvc 命令。用户不断提出新需求时，以上过程重复执行。当子控制器需要输出 $M\times3\mathrm{mL}$ 原料 A 时，在一个子系统内，拥有最大数量原料 A 的罐系统开关将被打开。如果拥有最大数量原料 A 的罐无法满足需求，控制器将会打开其他罐来满足原料的供应。因此，子控制器能够同时打开多个开关输出原料 A。例如，当用户希望在时间 $3\times M + 240\mathrm{s}$ 内生产 $M\times3\times4\times100\mathrm{mL}$ 液体 C 时，子系统将打开两个罐开关同时输出原料 A。如果子控制器已经打开多个开关并收到“关闭开关”命令，将同时关闭多个被打开的相同原料罐的开关。当两个或者更多的原料罐中的原料不足时，将会补充原料。每一个原料罐在初始状态下有 $60\times6\times3\mathrm{mL}$ 液体。

使用 Java 仿真以上的生产过程，其中，中央控制器、执行器和子控制器使用组件来描述。每个开关、阀门和传感器都被看作相关执行器的属性。当属性发生变化时，中央控制器发出新命令，同时一些执行的子命令将引起属性出现新变化。不同的组件通过带参数的函数调用进行通信。参数包含命令和反馈数据。中央控制器自动运行并基于用户输入和自动控制过程发送命令到子控制器。在系统操作期间，传感器的值、系统命令和子命令被写入不同文件，而且每个子控制器组件为用户提供一个接口。当用户调用接口并输入参数时，子控制器被捕获，命令和反馈数据被修改。

2. 场景 2: 智能电网中的能源交易系统

随着新能源技术的普遍应用，许多用户也能成为供电商，向其他用户提供多余电能。每个供应商有一个能源存储系统用来存储额外的电能，当用户购买电能时，需要的电能基于路由机制输送到对应的用户家中。

图 5.8 所示为一个智能电网能源交易系统简化模型[12-13]，其中有三个用户和三个供应商。中央控制器从用户和供应商处接收感知数据，发送命令到负责电能输入/输出的控制开关。用户的感知数据描述了多少电能已经被输入，供应商的感知数据描述了多少电能被输出。打开开关后，电能以 500W/s 的速度输入或输出。当电能的输出比用户的需求更大时，将会产生浪费。当供应的电能不能满足用户需求时，用户会关闭一些电器。控制中心的控制流程要尽量避免以上情况。

该系统模型中，有 12 个子命令和 6 个传感器，表 5.2 详细描述了命令和传感器的功能。传感器 Ss1、Ss2 和 Ss3 测量供应商 s1、s2 和 s3 供应电能的数量。传感器 Sc1、Sc2 和 Sc3 测量用户 c1、c2 和 c3 接收电能的数量。

下面以一个例子来说明系统的控制流程。在每个周期的开始，用户发送用电需求 $K\times500\mathrm{W}$，供应商发送出售的电能到中央控制器。中央控制器持续发出命令，如“打

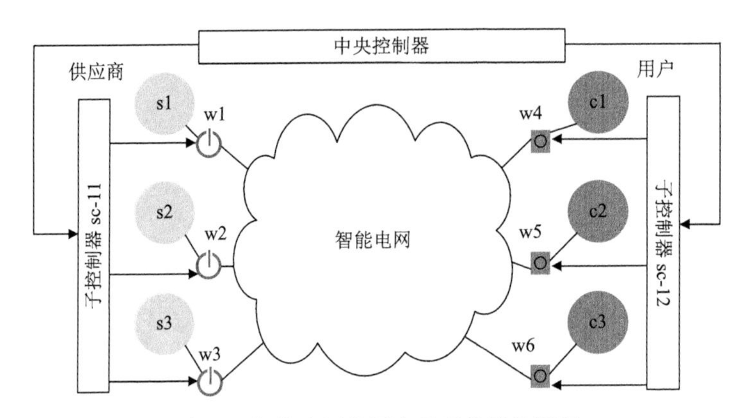

图 5.8 智能电网能源交易系统简化模型

表 5.2 能源交易系统数据描述

命令/时间序列	描述
w1o/w1f	打开/关闭开关 w1
w2o/w2f	打开/关闭开关 w2
w3o/w3f	打开/关闭开关 w3
w4o/w4f	打开/关闭开关 w4
w5o/w5f	打开/关闭开关 w5
w6o/w6f	打开/关闭开关 w6
T11	传感器 Ss1 测量值
T12	传感器 Ss2 测量值
T13	传感器 Ss3 测量值
T21	传感器 Sc1 测量值
T22	传感器 Sc2 测量值
T23	传感器 Sc3 测量值

开输出能源开关（Ooute）”“打开输入能源开关（Opute）”“关闭输出能源开关（Coute）”“关闭输入能源开关（Cpute）”。当供应商需要输出 K×500W 电能时，有最大输出量的供应商将会打开开关直到电能等于 K×500W。如果多个用户请求电能，子控制器打开多个开关输出电能。每个能源存储设备在初始时有 60×6×500W 电能。当两个或更多个能源存储设备电能不足时，电能将会得到补偿。能源贸易系统模型使用 Java 仿真，实现细节与场景 1 相似。

5.4.2 攻击案例

在这一节，主要使用基于 WCIA、WCOA 和 FCS 的六个案例。在场景 1 的正常情况下，用户随机请求 60×3×2×100mL、60×3×4×100mL 和 60×3×6×100mL 的订单。图 5.9 指出了在随机订单条件下，场景 1 随时间改变传感器的正常测量值。图 5.9（a）和（b）

分别描述原料 A 和 B 相关传感器的测量值。图 5.9（c）给出液体 C 在罐内的数量。当罐 TankC1 中的液体量到达一个周期的最高点时，原料 A 与原料 B 的比例是 1∶1。因此，液体 C 可正常生成。在场景 2 的正常情况下，用户随机请求订单如 60×500W（1 个用户）和 60×2×500W（两个用户）。图 5.10 描述了场景 2 传感器的正常测量值，其中图 5.10（a）～（c）是三个供应商存储的电能数量，图 5.10（d）～（f）是三个用户在一个周期内获得的电能数量。

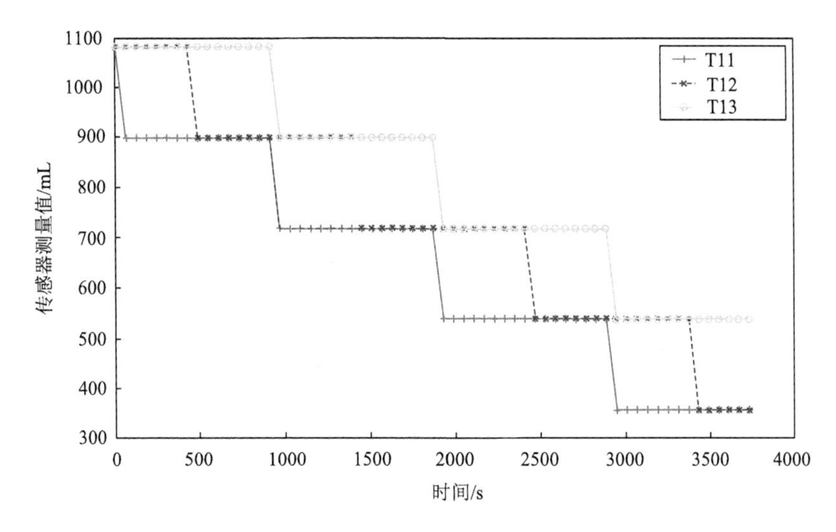

（a）原料 A 传感器测量值

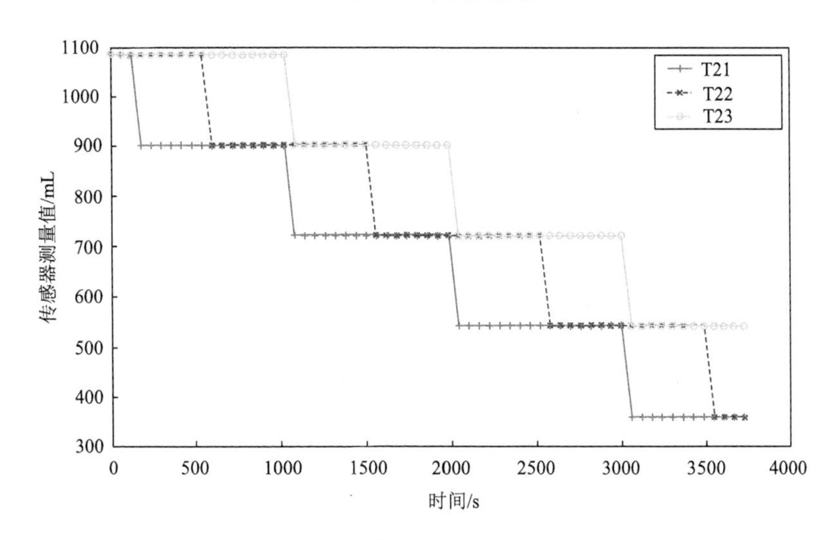

（b）原料 B 传感器测量值

图 5.9　场景 1 正常情况下传感器测量值

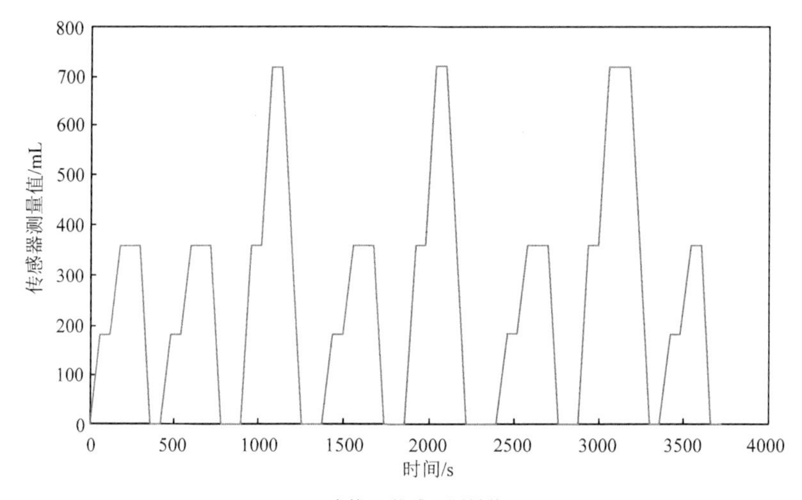

（c）液体 C 传感器测量值

图 5.9（续）

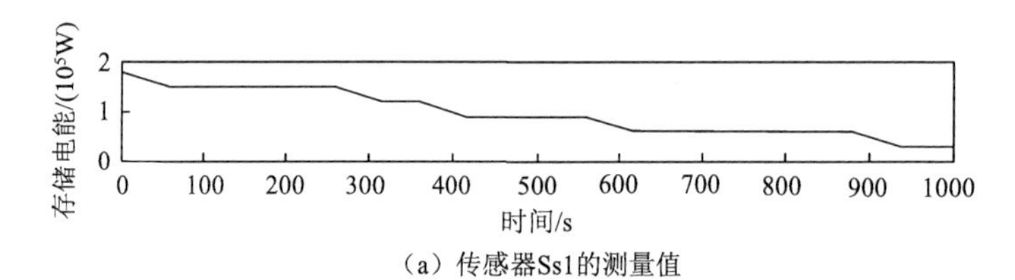

（a）传感器Ss1的测量值

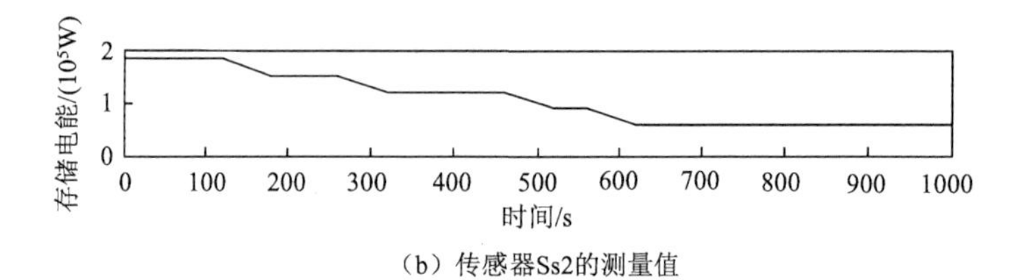

（b）传感器Ss2的测量值

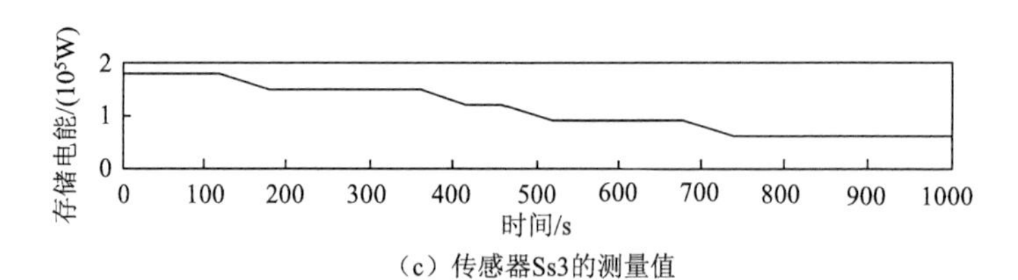

（c）传感器Ss3的测量值

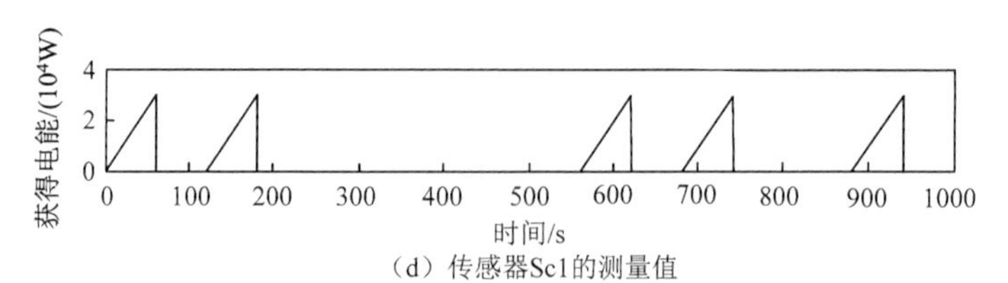

（d）传感器Sc1的测量值

图 5.10 场景 2 正常情况下传感器测量值

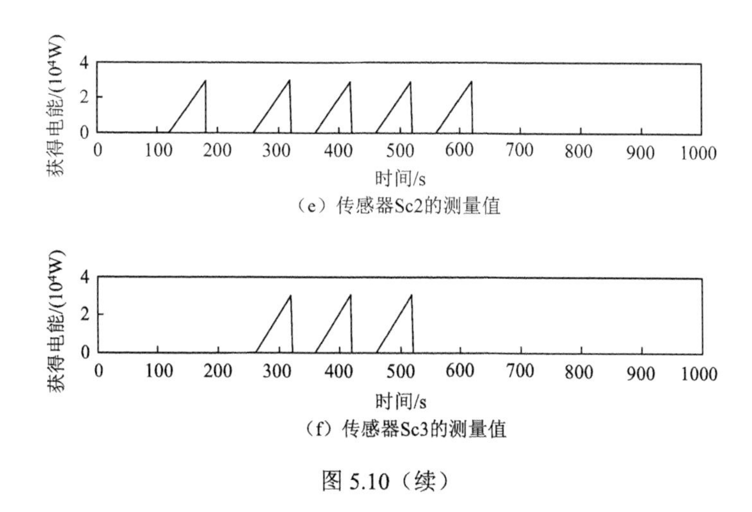

（e）传感器Sc2的测量值

（f）传感器Sc3的测量值

图 5.10（续）

六个攻击案例描述如下：

场景 1 的攻击案例 1：当控制器发出命令 pao 时，攻击者通过告诉子控制器 22 罐 Tank13 有最多的原料 A，发起基于 WCIA 的攻击去打开开关 P13。

场景 1 的攻击案例 2：在时间 $t = 960\text{s}$ 时，控制器发出命令 pao。攻击者通过操纵子控制器 11 和修改反馈给子控制器 22 和子控制器 23 的状态发起 WCOA 攻击。操作“打开开关 P11”被操作“打开开关 P21”替换。

场景 1 的攻击案例 3：在时间 $t = 0\text{s}$ 时，控制器发出命令 pao。攻击者发起基于 FCS 模式的攻击。攻击者首先操纵子控制器 22 不要拆分命令 pao，以至于命令 pao 直到 pac 在时间 $t = 60\text{s}$ 被拆分后才拆分。

场景 2 的攻击案例 4：当控制器发出命令 Ooute 时，攻击者发起基于 WCIA 模式的攻击。攻击者通过告知控制器 sc-11 供应商 s1 有很多的电能来打开 w1。

场景 2 的攻击案例 5：在时间 $t = 0$ 时，控制器发出命令 Ooute，攻击者发起基于 WCOA 模式的攻击。攻击者操纵控制器 sc-11，修改反馈到 sc-11 的状态。操作“打开开关 w1”被替换为“关闭开关 w2”。

场景 2 的攻击案例 6：在时间 $t = 0\text{s}$ 时，控制器发出命令 Ooute，攻击者发起基于 FCS 模式的攻击。攻击者首先操纵子控制器 sc-11 不去拆分命令 Ooute，直到 $t = 60\text{s}$ 时控制器将命令 Coute 拆分完后执行。

在以上的攻击过程中，攻击者修改传感器的数据迷惑中央控制器和检测器，因此测量数据与图 5.9 或图 5.10 保持一致。

5.4.3 攻击效果

1. 案例 1

图 5.11 所示为在攻击案例 1 下的传感器真实测量值。真实测量值是指传感器实际

感知的数据，因为在传输过程中可能遭遇攻击，所以可能与控制器接收到的数据不同。与图 5.9 比较来看，原料 B 正常流入罐 TankC1，然而，从时间 $t = 480\text{s}$ 开始，原料 A 数量的改变是异常的。在第二个周期开始，罐 Tank13 一直输出液体直到为空。在罐 Tank13 为空之前，罐 TankC1 中原料 A 与原料 B 的比例是 1∶1，能够生产出液体 C。当罐 Tank13 变空后，子控制器将打开开关 P13 从罐 Tank13 中输出原料 A，导致产生液体 C 的两种原料比例错误。图 5.11（c）所示为以上的过程，在第七个周期，液体 C 不能被生产。

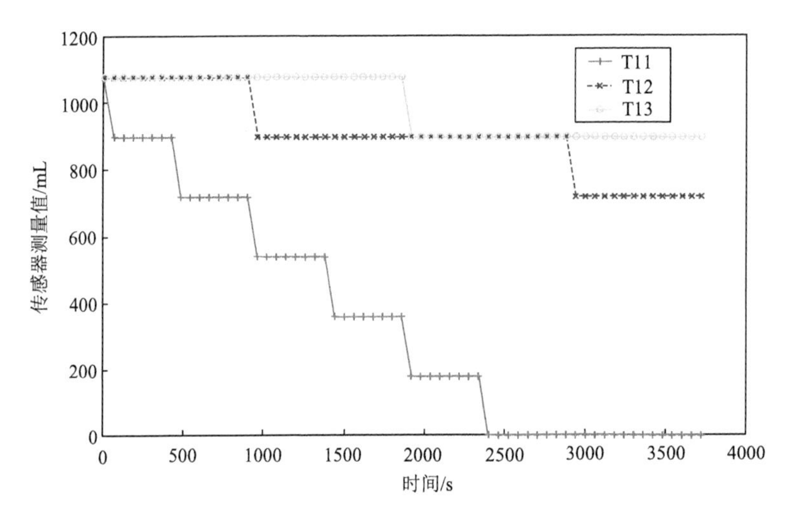

（a）原料 A 传感器测量值

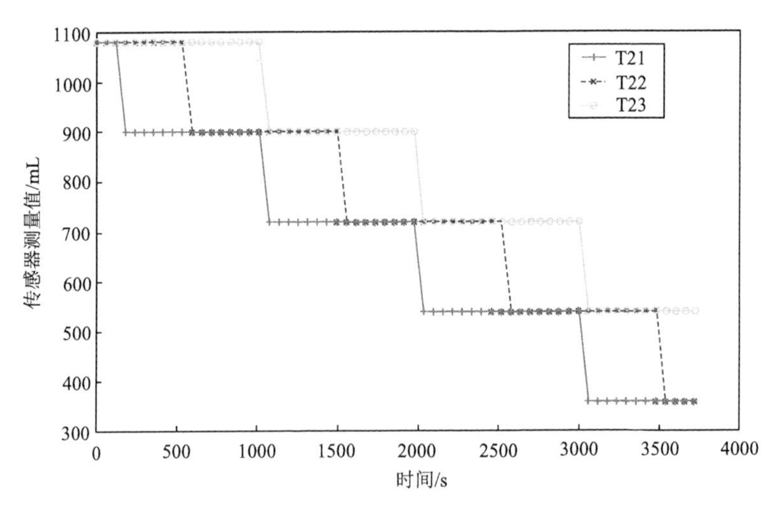

（b）原料 B 传感器测量值

图 5.11　攻击案例 1 下传感器实际测量值

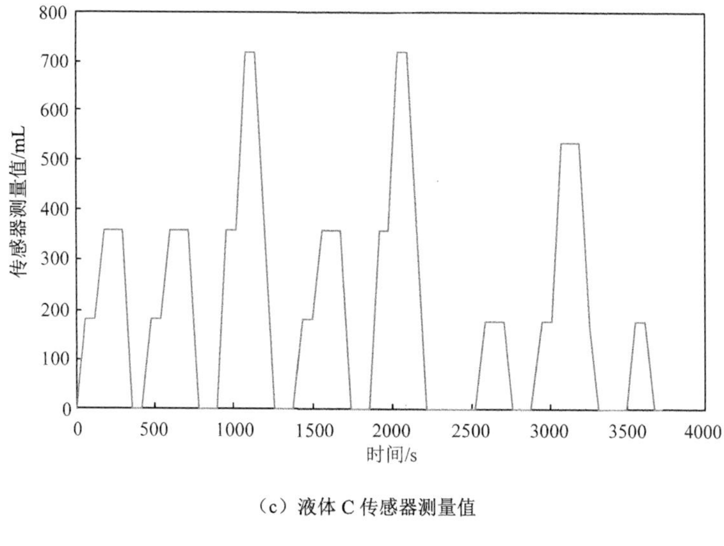

（c）液体 C 传感器测量值

图 5.11（续）

2. 案例 2

图 5.12 所示为在攻击案例 2 下的传感器真实测量值。图 5.12（a）所示原料 A 的测量值与图 5.9 不同，从时间 $t = 960$s 开始，原料 A 应该从罐 Tank11 和罐 Tank13 中输出，然而，原料 A 仅从 Tank13 中输出。在图 5.12（b）中，540mL 原料 B 从罐 Tank21 流入罐 TankC1，180mL 原料 B 从罐 Tank23 流入罐 TankC1。原料 A 与原料 B 在罐 TankC1 的比例不是 1，因此不能得到正确的液体 C。从第四个周期开始，罐 TankC1 不是空的，所以用户也不能得到正确产品。

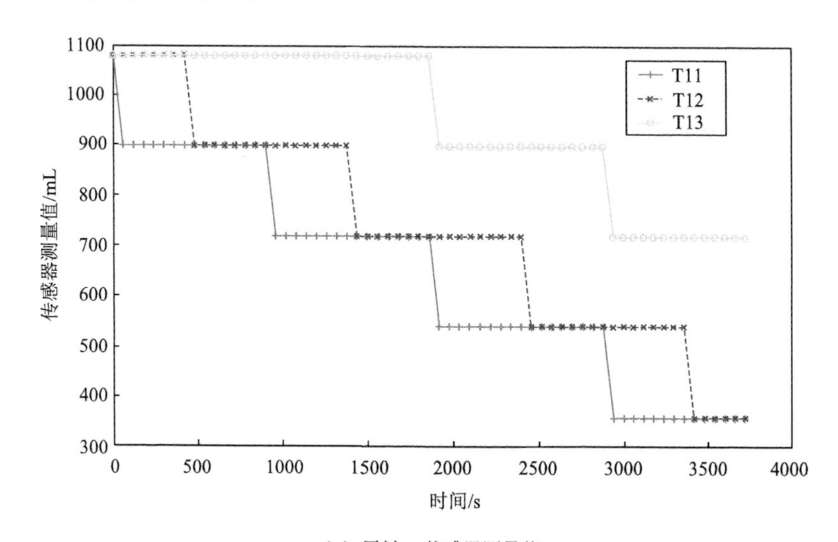

（a）原料 A 传感器测量值

图 5.12　攻击案例 2 下传感器实际测量值

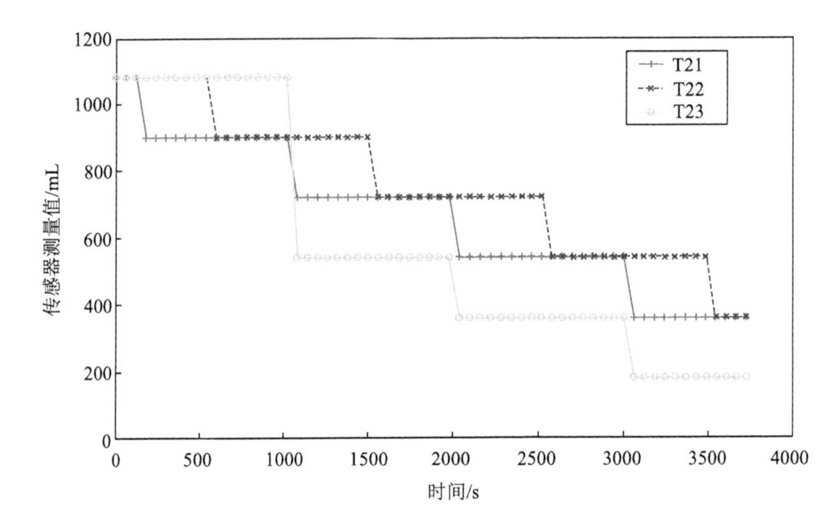

（b）原料 B 传感器测量值

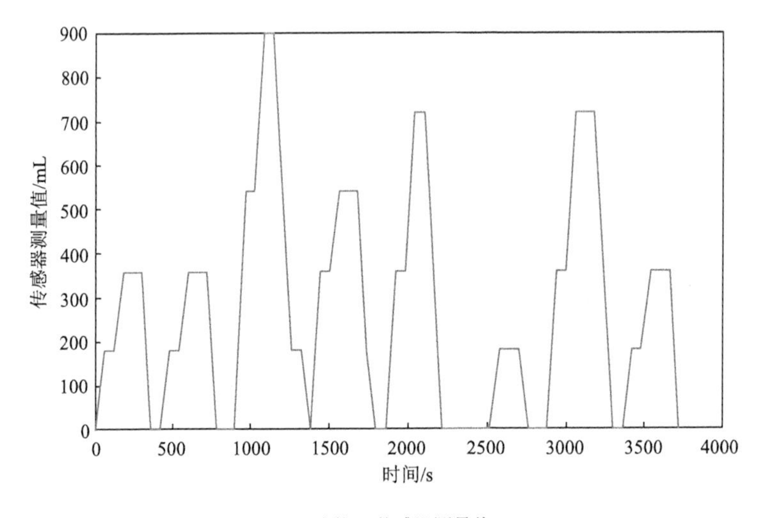

（c）液体 C 传感器测量值

图 5.12（续）

3. 案例 3

图 5.13 所示为攻击案例 3 下的传感器真实测量值。原料 B 的数量改变是正常的，如图 5.13（b）所示。与图 5.9 所示不同，图 5.13（a）所示的原料 A 在罐 Tank13 中的数量是异常的。在打开开关 P13 前关闭开关 P13，原料 A 将一直从罐 Tank13 中输出。在时间 $t = 480$s 时，由于错误的原料比例，无法得到正确的液体产品。从第二个周期开始，罐 TankC1 中存在非正常产品，因此该周期下仍然无法获得有效产品。同时，由于罐 Tank13 中的原料不足且无补给，在第三个周期、第五个周期和第六个周期仍然无法获得正确产品，由此可见攻击效果。

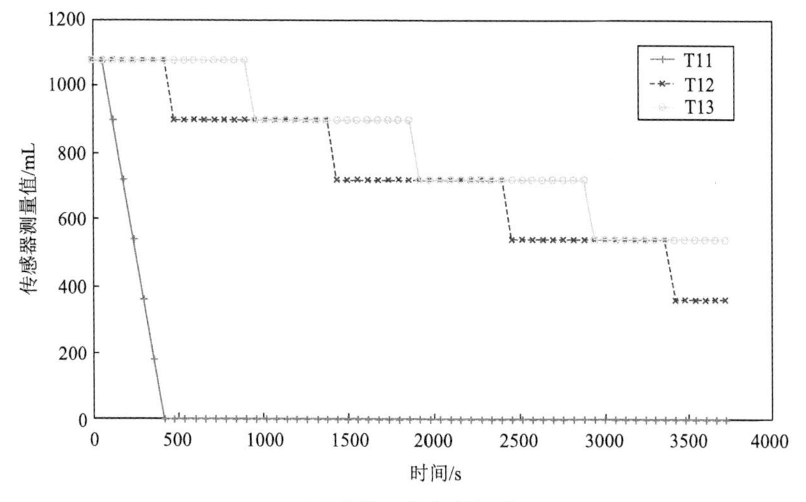

（a）原料 A 传感器测量值

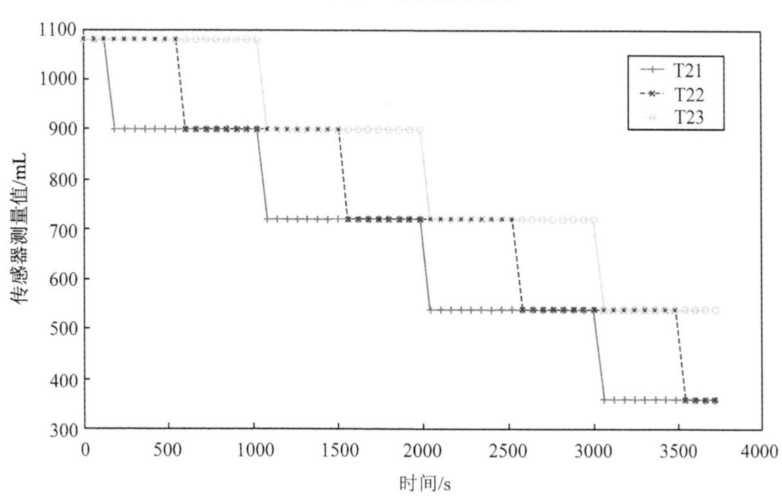

（b）原料 B 传感器测量值

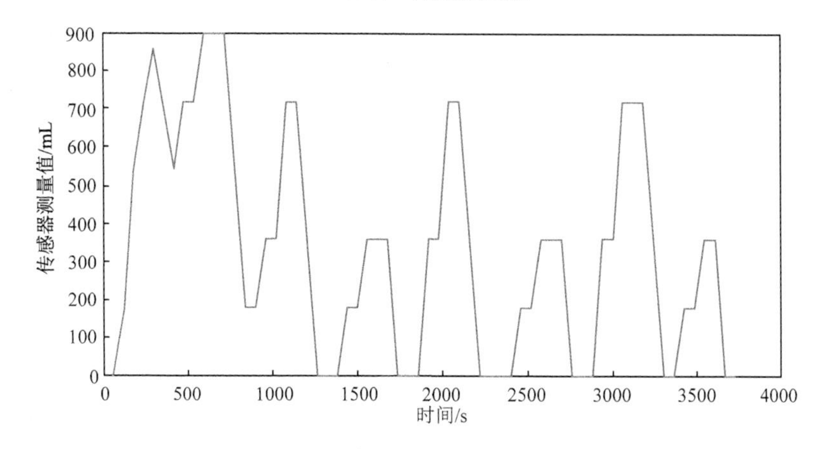

（c）液体 C 传感器测量值

图 5.13　攻击案例 3 下传感器实际测量值

4. 案例 4～案例 6

图 5.14 所示为攻击案例 4～案例 6 下供应电能数量的总和与用户得到的电能数量总和。图 5.14（a）指出了在攻击案例 4 下每个用户得到电能的总和。与图 5.10（d）～（f）相比，在第七个周期和第八个周期，用户不能买到电能，因为攻击导致能源供应商 s1 的存储量为 0。图 5.14（b）指出了在攻击案例 5 下每个用户得到电能的总和。与图 5.10（d）～（f）相比，可以看到在第一周期，用户 c1 不能购买电能。图 5.14（c）描述了供应商 s1 供应的数量，可以看到供应商 s1 在第一个周期并未输出电能，在时间 $t = 60\text{s}$ 到 $t = 260\text{s}$ 之间损失大量电能。

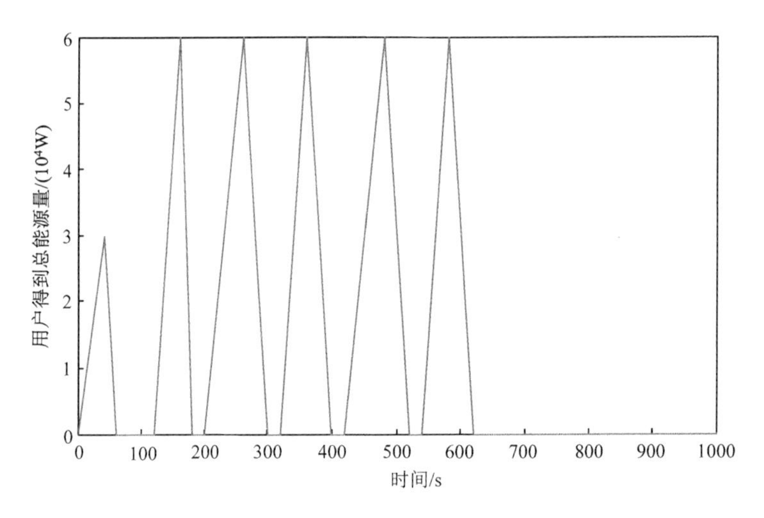

（a）攻击案例 4

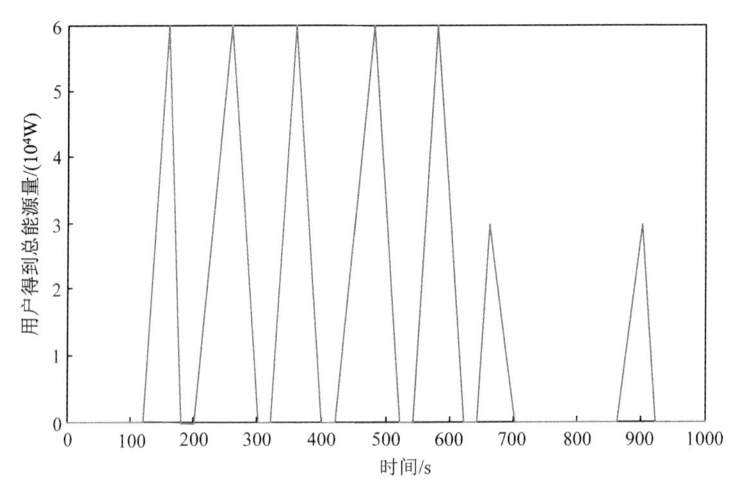

（b）攻击案例 5

图 5.14　攻击案例 4、案例 5 和案例 6 的效果

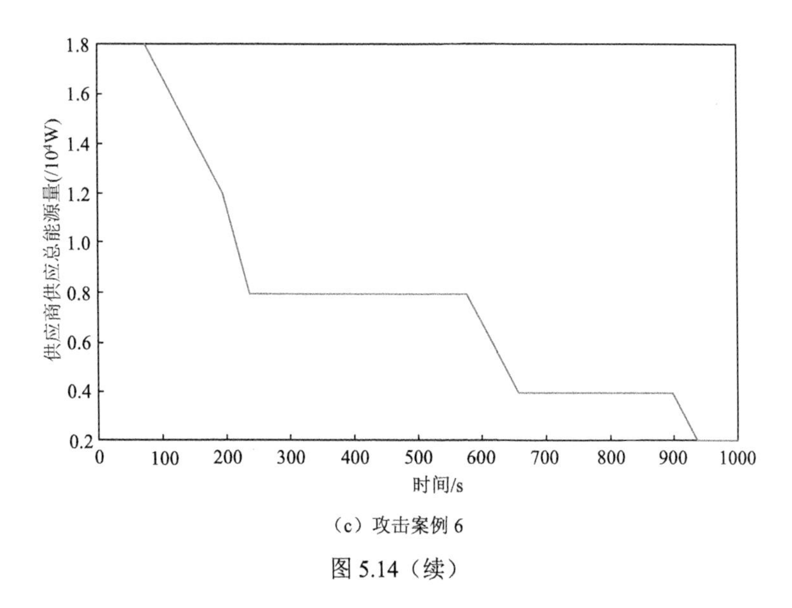

（c）攻击案例 6

图 5.14（续）

六个攻击案例说明了命令拆分攻击能够导致物理过程被破坏并造成巨大的影响。

5.4.4　检测框架的有效性

使用 Java 语言实现基于双层命令序列关联的检测框架，其中每个组件使用 Java 类来描述，同时用 MySQL 数据库来实现关联数据库。不同的组件使用函数来交换信息。在每个组件中，通过增加函数来实现对应的操作和功能。检测器分析图 5.7 和图 5.8 所示仿真系统生成的数据。信息包含感知数据、中央控制器的命令数据和每个执行器接收的控制信号。同时，设置 $T_{\text{interval}} = 60\text{s}$ 。收集的数据涵盖时间为 $t = 0\text{s}$ 到 $t = 3\times10^{6}\text{s}$ 。

下面验证检测框架是否能够有效识别上述六个攻击案例。通过分析数据，能够得到两种关联。表 5.3 给出了命令和子命令的关联，包括场景 1 下的 14 个关联和场景 2 下的 12 个关联。

表 5.3　命令和子命令的关联

命令	关联	场景
pao	<pao, p11o>,<pao, p12o>,<pao, p13o>	1
pbo	<pbo, p21o>,<pbo, p22o>,<pbo, p23o>	1
pac	<pac, p11c>,<pac, p12c>,<pac, p13c>	1
pbc	<pbc, p21c>,<pbc, p22c>,<pbc, p23c>	1
pvo	<pvo, v11o>	1
pvc	<pvc, v11c>	1
Ooute	<Ooute, w1o>,<Ooute, w2o>, <Ooute, w3o>	2
Opute	<Opute, w4o>,<Opute, w5o>, <Opute, w6o>	2
Coute	<Coute, w1f>,<Coute, w2f>, <Coute, w3f>	2
Cpute	<Cpute, w4f>,Cpute, w5f>, <Cpute, w6f>	2

为了挖掘两个子命令的关联，设置参数 $p_n=0$、 $p_m=2$ 和 $\varepsilon=1$；场景 1 下获得 24 个关联，场景 2 下获得 12 个关联，如图 5.15 所示。

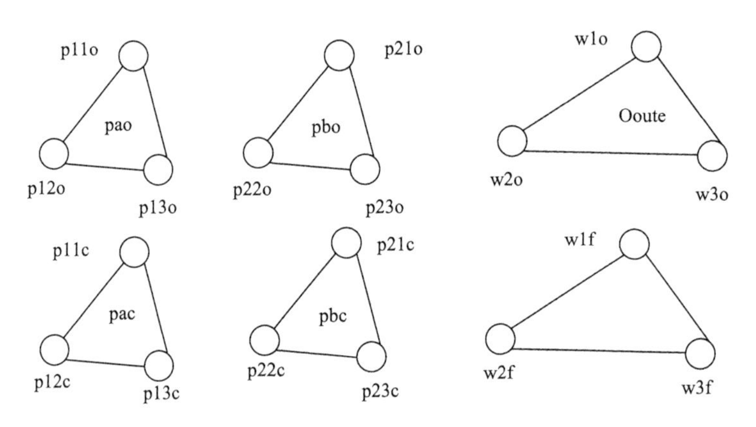

图 5.15　两个执行子命令的关联

两个子命令之间的连接表示存在两个关联。例如，两个子命令 p11o 和 p13o 之间的连接描述为

$$F(\text{pao},\text{p11o},t)=0.75F(\text{pao},\text{p13o},t)-1+0.25F(\text{pao},\text{p13o},t-1)$$
$$F(\text{pao},\text{p13o},t)=0.65F(\text{pao},\text{p11o},t)+1+0.35F(\text{pao},\text{p11o},t-1)$$

式中， $F(\text{pao},\text{p11o},t)$ 表示当 pao 在第 t 次输出时，p11o 被执行的次数； $F(\text{pao},\text{p13o},t)$ 表示 pao 在第 t 次输出时，p13o 被执行的次数。

表 5.4 所示为六个攻击案例中，基于两类关联的检测结果。结果指出：当攻击者在场景 1 中在 $t=480\text{s}$ 发起 WCIA 模式的攻击时，子命令之间的关联被破坏，告警被立刻发出。当攻击者在 $t=960\text{s}$ 发起 WCOA 攻击时，数据库中不存在 pao 和 p22o 的关联，防御者能够立即收到告警。在场景 1 中，当 FCS 模式的攻击出现在时间 $t=0\text{s}$ 时，命令 pac 和 p11o 的关联不存在。在时间 $t=60\text{s}$，下一个命令出现时，告警被发出。在场景 2 中，当攻击者在时间 $t=0\text{s}$ 发起 WCIA 模式的命令拆分攻击时，子命令之间的关联将会被破坏，告警被立刻发出。在场景 2 中，当攻击者在时间 $t=0\text{s}$ 发起 WCOA 模式的命令拆分攻击时，数据库中不存在命令 Ooute 和子命令 w2f 的关联，防御者能够立即收到告警。对于场景 2，当攻击者在时间 $t=0\text{s}$ 发起 FCS 模式攻击时，命令 Coute 和子命令 w1o 不存在关联，因此告警将在 $t=60\text{s}$ 下一个命令发出时产生。以上的检测结果能在错误命令执行或者物理系统出现破坏前被系统发出。同时，在以上的检测中，检测框架并未发出虚假告警。以上的结果说明，基于双层命令序列关联的检测器在检测命令拆分攻击时是非常有效的。

为了更好地说明检测框架的性能，随机在场景 1 和场景 2 下发起 WCIA、WCOA 和 FCA 模式的攻击测试。每个类型的攻击在不同的时间发起很多次。结果表明，FCA 和 WCOA 模式的攻击能以 100%的准确率被识别。WCIA 模式的攻击在场景 1 下以 95%的准确率被识别，这是由于一些精心构造的攻击使两个子命令之间的关联没有被破坏造成的，下一节将描述这样的一个例子。47.5%的 WCIA 攻击在场景 2 下被识别，这是因为命令 w4o、w5o、w6o、w4f、w5f 和 w6f 之间不存在关联，所以基于 WCIA 的攻击可能无法被检测到。

表 5.4　攻击中被破坏的关联

攻击案例	告警
1	<pao, p13o, p11o>,<pao, p13o, p12o>,<pao, p12o, p13o>: $t = 480$s
2	<pao, p22o>: $t = 960$s
3	<pac, p11o>: $t = 60$s
4	<Ooute, w1o, w2o>,<Ooute, w1o, w3o>,<Ooute, w2o, w1o>: $t = 0$s
5	<Ooute, w2f>: $t = 0$s
6	<Coute, w1o>: $t = 60$s

实验说明：检测框架能够有效识别许多命令拆分攻击，也能在系统被破坏之前识别攻击。

5.5　增强检测框架的讨论

本节讨论进一步改善检测框架的措施。

1. 关联挖掘的困难

复杂系统的各类数据间存在大量的线性关系，然而，两个子命令间的关系可能是非线性的，这增加了识别命令拆分攻击的困难程度。因此，检测框架应能利用其他方法，如文献[14]使用信息论发现非线性关系。

2. 检测精心构造的攻击序列的无效性

5.4 节的实验已经表明了检测框架的性能。然而，如果攻击者发起基于 WCIA 的攻击而不破坏子命令间的关联，告警将不会发出，以至于攻击不能被发现。例如，在图 5.7 中，系统仅打开一个阀门尽力输出原料 A 时，攻击者能够打开两个阀门输出多余的原料 A，这种情况将导致两类原料比例被改变。当正常命令是 $\{<p11o, t=0>, <p12o, t=480>, <p13o, t=960>\}$，而攻击者持续操纵子控制器发出命令序列 $\{<p11o, t=0>, <p12o, t=0>, <p13o, t=480>, <p11o, t=480>, <p12o, t=960>, <p13o, t=960>\}$ 时，子命令之间的关联不被破坏。防御者为了应对这种狡猾的攻击，需要挖掘多类型数据之间的关联来改善检测器的性能。例如，挖掘打开输出原料 A 开关数量与打开输出原料 B 开关数量的线性关系。在正常情况下，两者是相等的，但是在上述攻击发生时，两者变得不再相等。

本 章 小 结

本章主要讨论了命令拆分攻击这样一种高级的命令数据注入攻击。不同于传统的直接在传输过程中修改命令或者由入侵控制器发出错误命令的方式，这种攻击发生在命令执行的底层物理环境之中。攻击者通过使用延迟攻击和感知数据注入引起子控制器对命令的错误拆分，以至于错误控制信号产生。本章讨论了两种攻击模式：WCA 和 FCS；同时，刻画了实现上述两种攻击模式的三种攻击模型。通过 3 罐系统和能源交易系统的仿真，验证了攻击效果。考虑现存的许多检测方法无法有效应对命令拆分攻击，刻画了一种基于双层命令关联的检测框架。实验表明，该检测框架应对命令拆分攻击产生了非常好的检测效果。通过本章的研究，命令数据注入攻击的威胁得到进一步体现，需要得到更广泛的重视。本章所描述的检测框架虽然是有效的，但仍存在一定的缺陷，需要进一步改进。

参 考 文 献

[1] MIN B, VARADHARAJAN V. Cascading attacks against smart grid using control command disaggregation and services[C]// 31st Annual ACM Symposium on Applied Computing. Pisa: ACM, 2016: 2142-2147.

[2] TAFT J D. Control command disaggregation and distribution within a utility grid: U.S. Patent Application 13/484,042[P]. 2012-12-06.

[3] REMMERSMANN T, SCHADE U, SCHLICK C. Supervisory control of multi-robot systems by disaggregation and scheduling of quasi-natural language commands[C]// 2012 IEEE International Conference on Systems, Man, and Cybernetics (SMC). Seoul: IEEE, 2012: 315-320.

[4] ZHAO C, TOPCU U, LOW S H. Optimal load control via frequency measurement and neighborhood area communication[J]. IEEE Transactions on Power Systems, 2013, 28(4): 3576-3587.

[5] HU J, CAO J, GUERRERO J M, et al. Improving frequency stability based on distributed control of multiple load aggregators[J]. IEEE Transactions on Smart Grid, 2017, 8(4): 1553-1567.

[6] MITCHELL R, CHEN I R. Modeling and analysis of attacks and counter defense mechanisms for cyber physical systems[J]. IEEE Transactions on Reliability, 2016, 65(1): 350-358.

[7] YI P, ZHU T, ZHANG Q Q, et al. Puppet attack: A denial of service attack in advanced metering infrastructure network[C]// 2014 IEEE International Conference on Communications (ICC). Sydney: IEEE, 2014: 1029-1034.

[8] OUADDAH A, ELKALAM A A, OUAHMAN A A. FairAccess: a new blockchain-based access control framework for the internet of things[J]. Security and Communication Networks, 2017, 9(18): 5943-5964.

[9] LIU B, YU X L, CHEN S, et al. Blockchain based data integrity service framework for iot data[C]// 2017 IEEE International Conference on Web Services (ICWS). Honolulu: IEEE, 2017: 468-475.

[10] RENGANATHAN K, BHASKAR V. Observer based on-line fault diagnosis of continuous systems modeled as Petri nets[J]. ISA Transactions, 2010, 49(4): 587-595.

[11] LI W, XIE L, DENG Z, et al. False sequential logic attack on SCADA system and its physical impact analysis[J]. Computers & Security, 2016, 58: 149-159.

[12] RAHMANI-ANDEBILI M, SHEN H. Cooperative distributed energy scheduling for smart homes applying stochastic model

predictive control[C]// 2017 IEEE International Conference on Communications (ICC). Paris: IEEE, 2017: 1-6.

[13] ZHOU Y, CI S, LI H, et al. A new framework for peer-to-peer energy sharing and coordination in the energy internet[C]// 2017 IEEE International Conference on Communications (ICC). Paris: IEEE, 2017: 1-6.

[14] GE Y, JIANG G, GE Y. Efficient invariant search for distributed information systems[C]// IEEE 13th International Conference on Data Mining. Dallas: IEEE, 2013: 1049-1054.

第 6 章　基于事件和时间序列关联的协同攻击检测

对于大多数复杂信息物理系统（CPS），往往通过分析系统运行数据来检测异常。时间序列数据和事件序列数据是两种主要的实时检测数据。基于关联分析技术的异常诊断技术被工程师广泛应用。然而，很少有相关研究同时基于连续的时间序列数据和离散的事件序列数据这两种异构数据来检测系统异常。通过总结多类时间序列与多类事件序列的关联关系，可以用于检测异常，尤其是能够有效地检测关键基础设施的协同攻击。

6.1　恶意攻击的复杂性

恶意攻击[1]是网络化系统面临的永恒威胁。近年来检测技术和防御措施不断进步，但是仍然面临很多新的挑战。例如，第 1 章介绍的基于模型的检测器，尽管能够有效地识别攻击，但是构造模型检测器是非常困难的，需要防御者对系统有全面的了解，尤其对于一个大规模的复杂系统而言，系统的复杂程度使得系统设计者也不能完全构造模型检测器。除此以外，攻击者也能够通过感知数据的注入攻击来蒙蔽系统的眼睛，使得基于模型的检测器无效。随着数据变得越来越重要，数据挖掘方法的不断创新，新的基于数据驱动的检测方法能够识别许多传统方法无法检测的异常，如基于事件关联的检测方法[2]和基于时间序列关联的检测方法[3]。然而，先前的检测方法仅能用来检测感知数据的注入攻击或者直接操纵控制器发出的错误命令。不同于直接入侵控制器，攻击者也能通过中间人攻击入侵通信系统，修改控制命令导致系统故障[4]。该攻击称为基于中间人模式的命令数据注入攻击。在第 5 章介绍的双层命令序列关联检测方法能够有效检测部分这种类型的攻击。然而，正如第 5 章小结所讨论的，命令间的关联存在许多不确定性，攻击者仍能找到合适的攻击序列，发起难以检测的基于中间人的命令数据注入攻击。

现在攻击变得越来越复杂，攻击者能够同时注入命令和修改感知数据发起协同攻击或者同时攻击多个组件，这种情况严重地增加了检测的难度[5]。例如，攻击者注入恶意命令断开传输线，伪造系统状态躲避检测的同时增加攻击效果[6]。目前存在的检测方法难以有效应对以上攻击。除此以外，先前的研究工作主要关注攻击引起的异常识别，许多检测方法不能指出哪些命令或者传感器数据被修改。例如，文献[2]的检测器在“增加产能”命令和“打开直接负载”命令从智能电网同时发出时，不能指出哪一个命令是被恶意注入的。在第 4 章介绍的基于第一偏差的异构数据检测方法能够识别部分协同攻击，但无法提供有效的攻击目标定位。当前对关键基础设施攻击目标定位方法的研究是不充分的，从而增加了攻击消除的难度。另外，当多个攻击同时发起去破坏不同组件时，定位变得更加困难。例如，攻击者同时攻击变电站和传输线路，不但能够取得更好攻击效果，还会使防御者认为线路和变电站都是正常的。

考虑协同攻击的危害性和当前检测方法的不足，下面介绍一种基于事件和时间序列关联的检测方法，通过挖掘和利用多时间序列和多事件序列的关联，构建因果网络，能够有效检测攻击和定位攻击目标。

6.2　协同攻击及其检测要求

本节首先描述协同攻击模型，然后分析为什么检测协同攻击是困难的，最后介绍基于事件和时间序列关联检测算法需要解决的问题。

6.2.1　协同攻击模型

关键基础设施面临的三种可能攻击入口，如第 1 章图 1.3 所示的 X、Y 和 Z 处。下面首先分析关键基础设施可能面临的攻击路径和现有检测方法对其的检测能力。

1. 攻击路径

（1）攻击路径 1

攻击者只攻击位于 X 处的传感器，通过修改传感器的感知数据，达到伪造系统状态的目的。一个典型的攻击是第 4 章的高级感知数据注入攻击。这种形式的攻击能够有效躲避基于 BDD 的检测器的检测，但能被基于第一偏差的异构数据检测方法识别。

（2）攻击路径 2

攻击者只攻击 Y 处，并修改感知数据。与攻击路径 1 相似，一个典型的案例是高级感知数据注入攻击，基于第一偏差的异构数据检测方法能够有效识别这种形式的攻击。

（3）攻击路径 3

攻击者只攻击 Z 处的控制器来修改系统控制命令。一旦攻击者修改控制命令，即可引起系统状态发生变化，因此，基于命令关联的检测方法或者通过分析系统状态可以发现攻击。

（4）攻击路径 4

攻击者只攻击 Y 处，并修改控制命令。与攻击路径 3 相似，一旦攻击者修改控制命令，即可引起系统状态发生变化，基于命令关联的检测方法或者通过分析系统状态都可以发现攻击。

（5）攻击路径 5

攻击者通过攻击位置 Z 修改控制命令，并通过入侵位置 X 或者位置 Y 实现对感知数据的修改。在这种形式的攻击下，通过命令关联的分析，能够检测到命令数据注入攻击，同时，由于中央控制器采取了严密的保护措施，入侵控制器实施命令注入控制是困难的，所以本章并未关注这种形式的协同攻击。

（6）攻击路径 6

这是本章考虑的协同攻击模式，如图 6.1 所示。攻击者通过入侵通信网络篡改控制命令，通过直接污染传感器修改感知数据，即攻击者通过入侵位置 Y 修改控制命令，通过入侵位置 X 修改感知数据。在该攻击模式下，控制器不知道命令被修改。

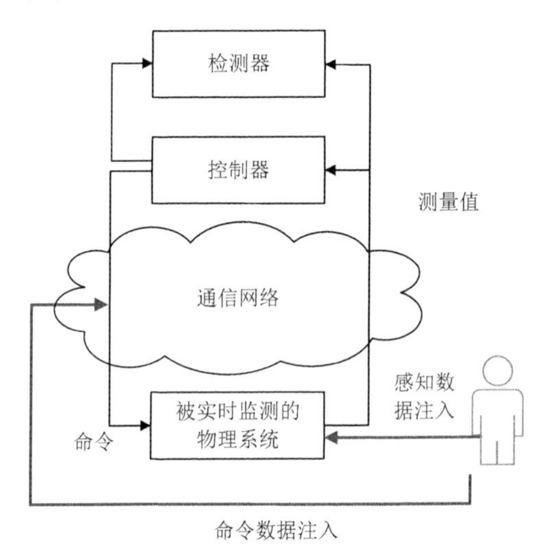

图 6.1　一类协同攻击模式

2. 攻击假设

对于攻击者，做出如下假设。

1）通过长期分析历史数据和利用系统知识，攻击者能够知道本书第 4 章刻画的系统模型中的参数 $\boldsymbol{C}_{\text{matrix}}$ [7-8]。

2）攻击者能够入侵一些智能电表和通信系统修改感知数据和控制命令。

3）攻击者的能力是受限的，即他们只能修改一部分命令和改变一些电表的反馈数据。攻击者每注入一个错误命令或修改一类时间序列值，都需要一些开销，使被检测出的可能性增加。因此，攻击者会尽量减少额外的攻击。

3. 攻击过程

基于攻击路径 6 的协同攻击具体过程如下：

攻击者在时间 k 首先通过入侵通信系统，将控制器正常发出的系统命令 $C(t)$ 替换为 $C'(t)$，然后在时间 $k+1$，通过攻击传感器，修改反馈数据来掩盖攻击痕迹，将系统状态伪装为正常系统状态。下面的讨论主要针对基于路径 6 的协同攻击。

6.2.2　协同攻击检测难度分析

本节主要分析现有检测方法检测协同攻击的性能。现有检测方法主要分为两大类，基于模型的检测方法和基于数据驱动的检测方法。因此，下面将分别对这两类方法进行讨论。

1. 基于模型的检测方法的性能

在面对攻击时，基于模型的检测方法有很好的优势，攻击者对任意命令或者感知数据的修改，都可能引起输入与输出的不相符。控制命令作为输入，需要得到相关的感知数据；感知数据作为输入，又需要了解下一刻系统应该用什么命令来控制组件。图 6.2 所示为基于模型的检测器原理。

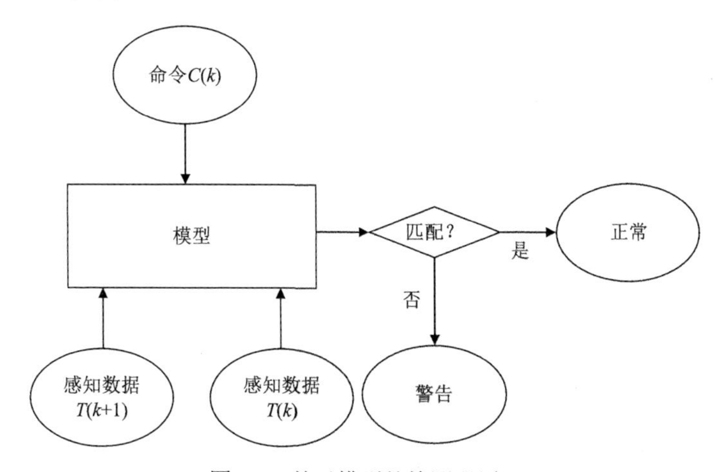

图 6.2　基于模型的检测器原理

尽管基于模型的检测器能够提供很高准确率的检测结果，然而，复杂系统是很难构造模型的。此外，作为模型输入的命令信息来自信息系统的控制器，控制器发出的命令 $C(k)$ 本身是正常的，但其接收的感知数据是被修改的感知数据 $T(k+1)$ 和正常感知数据 $T(k)$。从检测器的角度来讲，输入 $<T(k),C(k)>$ 是系统的正常行为，而攻击者修改后的 $T(k+1)$ 满足式（4.3），因此，$C(k)$ 和 $T(k+1)$ 也是正常的，故而基于模型的检测器无法识别协同攻击。

2. 基于数据驱动的检测方法的性能

本章讨论的协同攻击是比第 4 章和第 5 章更具有威胁性和隐蔽性的攻击策略。下面主要分析这两章设计的检测方法对协同攻击进行检测的效能。

（1）基于第一偏差的异构数据检测方法

与基于模型的检测方法相似，基于第一偏差的异构数据检测方法收集了控制器发出的控制命令和反馈感知数据，这意味着，从检测器的角度，其本身使用的是未经修改的命令和已经被修改的感知数据。所以，在使用检测器对数据进行分类时，由于收集的数据本身与正常数据一致，所以被归为正常类，不能有效检测攻击。

（2）基于双层命令序列的数据检测方法

与其他检测方法不同，该检测器收集了控制命令和控制信号，在完全理想状态下，检测器能够挖掘所有双层命令之间的关系，检测器能够检测所有协同攻击，并定位出哪些控制命令已经被修改。然而，实质上，全面汇集所有可能在物理域执行的控制信号是非常困难的，当前检测器绝大多数建立于信息系统内，构造全新的此种检测器需要工业界的支持，因此该检测方法当前还不能在工业系统中广泛应用。

6.2.3 基于事件和时间序列关联的检测方法面临的挑战

考虑已有方法对协同攻击检测的困难性，下面考虑一种基于事件和时间序列关联的检测方法。

一个事件是指控制器发出一个命令的行为，一个时间序列是一系列实值数据点，由传感器的测量数据依据时间排列构成序列。对于高度自动化的系统而言，控制器基于系统状态发出命令，而系统状态由评估时间序列获得。同时，时间序列的形状在相关命令被执行时改变。时间序列和事件的关联由此建立。例如，在智能电网中，当通过某条线路的电流特别大时，命令将被控制器发送去断连该线路。当通过其他线路的电流特别大时，控制器又会发送命令去打开该开关。也存在多个事件和时间序列的关联。例如，在智能电网中，仅当多个频率和直接负载同时降低时，“增加产能”的命令才由智能电网控制器发出。这类因果关联可用来检测感知数据注入攻击、命令数据注入攻击和协同攻击，还可用来在多个攻击发生时定位攻击目标。

然而，利用该关联实现异常检测和定位需要面临以下四个问题。

1）怎样确定是一个时间序列的形状变化引起了事件的发生还是一个事件的发生触发了时间序列形状的改变？

2）除了单个事件和单个时间序列的关联关系，还存在多个时间序列和多个事件的关联。那么，怎样确定增加的关联挖掘的难度和时间复杂度？

3）怎样利用关联进行异常检测？

4）怎样利用关联进行目标定位？特别地，发起多个攻击时，怎样准确定位所有攻击目标？

针对上述四个问题，解决思路可以概括如下。

针对问题 1)，利用最近邻方法识别时间序列形状的改变，并用概率知识关联事件和对应的时间序列；针对问题 2)，利用条件概率，采用贪心算法；针对问题 3)，通过分析攻击事件发生时出现的关联破坏，提出关联异常检测算法；针对问题 4)，构建因果网络并设计基于因果网络的定位算法。

6.3　检测器的总体设计

下面介绍检测器基于事件和时间序列关联算法检测协同攻击的工作流程，描述检测器的检测能力。

6.3.1　检测器工作流程

检测器的工作分为两个阶段：训练阶段和检测阶段。

首先，检测器利用大量历史数据挖掘存在的关联，这里假设历史数据是正常的。这些数据包括控制器的命令输出和传感器感知数据的反馈。然后，利用关联构造因果网络模型。在训练阶段停止之后，开始检测阶段。每个单位时间，检测器将新的命令和感知数据作为输入，分析其是否异常。一旦发现异常，启用因果网络模型，对攻击目标进行定位。

图6.3所示为训练阶段的四个主要操作步骤。首先，识别历史数据中每个单位时间形状的改变（❶），其中，一个单位时间段是指两个相邻单位时间的间隔，第k个时间段指两个相邻时刻$k-1$和k的间隔。然后，产生组合事件和组合时间序列（❷），并利用感知数据集合和事件挖掘多事件与多时间序列间的关联（❸）。最后，利用被挖掘的关联，构造因果网络模型（❹）。

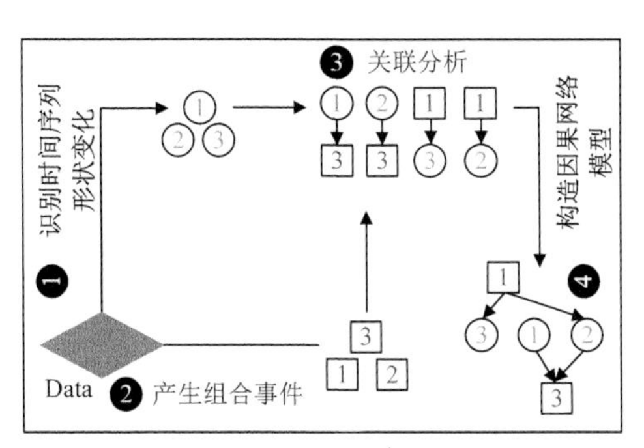

图6.3　训练阶段的四个主要操作步骤

在检测阶段，每个单位时间，核查发生的事件和有形状改变的时间序列之间的关联是否被破坏。如果发现一些关联被破坏，则因果网络模型被激活，发生的事件和有形状改变的时间序列作为输入，因果网络模型能根据这些输入自动定位攻击目标。

6.3.2　检测器的检测能力

基于事件和时间序列关联算法的检测器，能够检测协同攻击，并在多攻击场景下定位攻击目标。除此之外，对于检测单个感知数据注入攻击和单一的基于中间人模式的命令数据注入攻击，也是非常有效的。下面以智能注射泵为例说明检测器的检测能力。当注射容器内有 5mL 液体时，远端用户发出“注射液体”命令。两个传感器分别测量液体体积和注射器温度。当“注入液体”命令被远端用户输入时，液体体积变为 0mL 时，在正常情况下，注射器内温度也变得很低。系统的状态依据液体体积进行评估。该检测器利用控制器的行为和传感器的测量数据作为检测依据，能够检测和定位如下攻击。

（1）基于中间人模式的命令数据注入攻击

攻击者通过攻击通信系统，恶意移除或植入“注入液体”命令。在此场景下，检测器通过分析关于液体体积的测量值是否发生改变来检测命令是否被恶意移除或植入。

（2）感知数据直接注入攻击

当液体体积是 5mL 并且保持不变时，液体体积的测量传感器被攻击并设置为 0m。在此场景下，检测器能够发现“注入命令”没有出现而检测到攻击。

（3）协同攻击

通过攻击通信系统，当“注入液体”命令发出后，攻击者删除该命令，然后又将液体体积改为 0mL。在当前攻击场景下，系统状态是正常的，然而，智能注射器的温度不变表明“注入液体”命令未被执行。基于事件和时间序列关联的方法，能够挖掘出这些潜在的关联，从而可以识别异常。

6.4 检测器训练阶段的实现

基于事件和时间序列关联算法的检测器，其训练阶段包括关联挖掘和因果网络构造两个过程。下面引入几个与后续讨论相关的定义。

1. 组合事件

组合事件是指多个事件构成的集合。例如，事件 e_i 和事件 e_j 在时间 t 发生，事件 e_i 和 e_j 被统称为一个组合事件 E_k，记作 $E_k=\{e_i,e_j\}$。

2. 组合事件与时间序列的关联

考虑时间序列 m_k 和组合事件 $E_l=\{e_i,e_j\}$，仅当 e_i 和 e_j 同时发生，时间序列 m_k 改变它的形状，并转变到形状 α_k，这种情况称为组合事件和时间序列的关联，记作 $E_l\to m_k[\alpha_k]$ 或者 $e_i\cap e_j\to m_k[\alpha_k]$。

3. 多时间序列和一个事件的关联

考虑多个时间序列 $M_l=\{m_i,m_j\}$ 和事件 e_k，仅当时间序列 m_i 将形状改变为 α_i 且和时间序列 m_j 将形状改变为 α_j，事件 e_k 才发生，这种情况称为多时间序列和一个事件的关联，记作 $m_i[a_i]\cap m_j[a_j]\to e_k$ 或 $M_l[a_i,a_j]\to e_k$。

6.4.1 关联挖掘

关联挖掘包括识别时间序列形状的变化、组合事件的产生和关联分析。下面分别描述这三个阶段。

1. 识别时间序列形状的变化

为了识别时间序列形状的变化，将历史数据的时间序列分为许多小的子序列。每个子序列的尺寸是单位时间长度。在这一步，分析任意时间序列的子序列是否在形状上有对应的改变。文献[9]中，检测器提取每个单位时间段内的子序列形状，同时能够自动合并相似形状。当第 $k-1$ 个时间段与第 k 个时间段的子序列的形状不同时，认为时间序列在第 k 个时间段形状发生改变。

使用符号 $l_k(m_i)$ 表示时间序列 m_i 在第 k 个时间段的形状。因此，是否在第 k 个时间段形状发生改变可描述为

$$H_{m_i}(k)=\begin{cases}0, & l_k(m_i)=l_{k-1}(m_i)\\ 1, & l_k(m_i)\neq l_{k-1}(m_i)\end{cases} \tag{6.1}$$

式中，$H_{m_i}(k)=1$ 表示时间序列 m_i 在第 k 个时间段内形状发生改变。

识别完每个时间序列在每个单位时间内形状是否发生改变后，计算时间序列 m_i 改变到形状 α_i 的次数 $n_{m_i[\alpha_i]}$ 和多时间序列同时改变它们形状的次数。例如，当时间序列 m_i 和时间序列 m_j 在第 k 个时间段分别将它们的形状改变到 α_i 和 α_j，出现的次数 $n_{m_i[\alpha_i]}$、$n_{m_j[\alpha_j]}$ 和 $n_{m_i[\alpha_i]\cap m_j[\alpha_j]}$ 将同时增加。当构造因果网络时，也使用三个不同的节点 $m_i[a_i]$、$m_j[a_j]$ 和 $m_i[a_i]\cap m_j[a_j]$ 来描述上述三种情况。

2. 组合事件的产生

在每个时刻，可能有多个命令发出。例如，图 6.4 描述的场景，三个命令同时从系统控制器发出。因此在同一时刻，存在多种组合事件。在这一步，记录每一个在时间 k 出现的组合事件。以图 6.4 作为一个例子，三个命令 c_1、c_2、c_3 从控制器发出，记作事

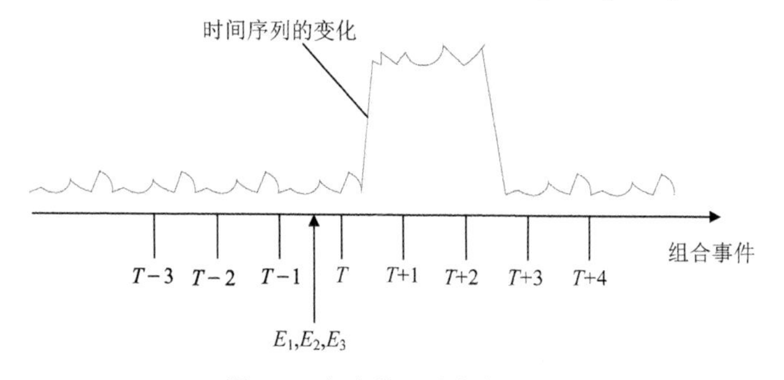

图 6.4　多事件同时发生的例子

件 E_1、E_2 和 E_3。在时刻 k 发生的组合事件包括 $\{E_1\}$、$\{E_2\}$、$\{E_3\}$、$\{E_1,E_2\}$、$\{E_1,E_3\}$、$\{E_2,E_3\}$ 和 $\{E_1,E_2,E_3\}$。每一个曾经出现的组合事件也将在因果网络中用节点描述。

在记录完每一个组合事件的发生后，统计每一个组合事件在历史数据中出现的次数，将组合事件 E_i 在历史数据中出现的次数记为 n_{E_i}。

3. 关联分析

关联分析主要挖掘两类关联：组合命令和一个时间序列的关联；多时间序列和一个事件的关联。下面以挖掘组合事件与时间序列的关联为例来说明挖掘的过程，另一类关联的挖掘与其相似。

首先描述关联分析问题，然后讨论基于贪心规则的关联挖掘算法。

图 6.5 给出了在图 6.4 情况下，所有能激活的时间序列形状变化的可能，共七种情况：$\{T(3),T(2,1),T(2,2),T(2,3),T(1,1),T(1,2),T(1,3)\}$。随着在同一时刻发出命令数量的增加，事件的组合数会呈指数上升，如果事件的数量是 N，那么需要考虑的情况将是 2^N-1 种。因此，关联分析在大规模 CPS 内是非常复杂的。

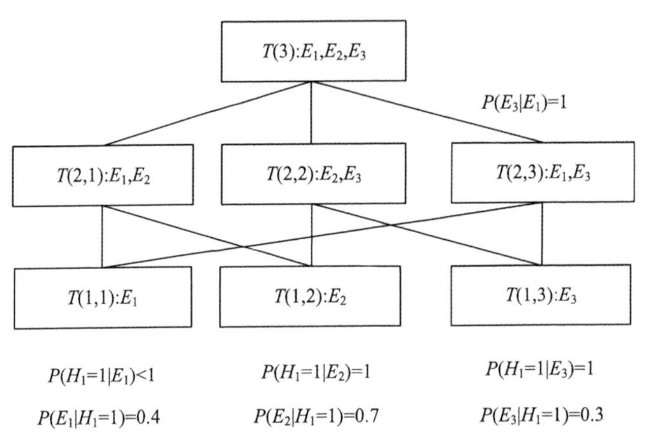

图 6.5　组合事件的树结构

基于关联的定义可知，当组合事件 E 和时间序列 m_i 相关时（$E\to m_i[\alpha_i]$），一定满足

$$P\left(H_{m_i[\alpha_i]}=1\middle|E\right)=1 \tag{6.2}$$

式中，$H_{m_i[\alpha_i]}=1$ 表示时间序列 m_i 的形状改变为 α_i 的状况出现。$P\left(H_{m_i[\alpha_i]}=1\middle|E\right)$ 可通过下式计算：

$$P\left(H_{m_i[\alpha_i]}=1\middle|E\right)=\frac{n_{m_i}(\alpha_i,E)}{n_E} \tag{6.3}$$

然而，式（6.3）被满足，不能简单认为只要有组合事件 E 能够引起时间序列形状发生变化就行，因为对于任意组合事件 E_i，如果 E_i 是 E 的一个子集，有 $P\left(H_{m_i[\alpha_i]}=1\middle|E_i\right)=1$。通常来讲，构造检测器的目的是发现集合 $C^G(m_i,\alpha_i)=\{E_1,E_2,\cdots,E_n\}$。$C^G(m_i,\alpha_i)$ 表示组

合事件的集合，它的任意元素 E_i 能使时间序列 m_i 的形状改变为 α_i，因此关联挖掘的问题可描述为：尽量找到满足式（6.2）和式（6.4）的集合 $C^G(m_i,\alpha_i)$。

$$\max_{E_1,E_2,\cdots,E_n}\left\{P\left(E_1\cup E_2\cup\cdots\cup E_n\middle|H_{m_i[a_i]}=1\right)\right\} \tag{6.4}$$

这是一个背包问题，贪心算法能够解决该问题。下面描述解决该问题的贪心算法。首先，介绍一个假设和五个推论。

假设 6.1　对于自动化系统，在历史数据中，当事件 e_i 出现时，事件 e_j 一定出现；而如果 e_i 出现，e_j 不出现，则认为关键基础设施出现异常。

推论 6.1　对于任何事件序列 E 和改变为形状 α_i 的时间序列 m_i，如果式（6.5）被满足，认定 E 不能引起时间序列 m_i 改变形状。

$$1-P\left(H_{m_i[\alpha_i]}=1\middle|E\right)>L_1>0 \tag{6.5}$$

式中，符号 L_1 是一个实数参数，通常比 0 稍大一些。设置参数 L_1 的目的是考虑历史数据的随机错误和时间序列形状改变的错误识别。

推论 6.2　对于任意事件序列 E_1、事件序列 E_2 和时间序列 m_i，式（6.6）一定被满足。

$$\begin{cases}P\left(E_1\cap E_2\middle|H_{m_i[\alpha_i]}=1\right)\leqslant P\left(E_1\middle|H_{m_i[\alpha_i]}=1\right)\\P\left(E_1\cap E_2\middle|H_{m_i[\alpha_i]}=1\right)\leqslant P\left(E_2\middle|H_{m_i[\alpha_i]}=1\right)\end{cases} \tag{6.6}$$

式中，$P\left(E_1\middle|H_{m_i[\alpha_i]}=1\right)$ 可通过如下公式计算：

$$P\left(E\middle|H_{m_i[\alpha_i]}=1\right)=\frac{P\left(H_{m_i[a_i]}=1\middle|E\right)n_E}{n_{m_i[a_i]}}$$

推论 6.3　如果事件序列 E_1、事件序列 E_2 和时间序列 m_i 能够满足式（6.7），则事件序列 E_2 能够替换事件序列 E_1，记作 $E_2\to m_i[\alpha_i]$。

$$\begin{cases}E_1\to m_i[a_i]\\P\left(E_1\middle|E_2\right)<1\\P\left(E_2\middle|E_1\right)=1\\P\left(H_1=1\middle|E_2\right)=1\end{cases} \tag{6.7}$$

证明：从式（6.7）可以知道，若事件序列 E_1 发生，事件序列 E_2 一定发生。同时，如果事件序列 E_2 发生而事件序列 E_1 不发生，通过等式 $P\left(H_1=1\middle|E_2\right)=1$ 能得出，时间序列 m_i 一样能将形状改变为 α_i。因此，基于假设 6.1，事件序列 E_2 可以代替事件序列 E_1 来描述与时间序列的关联。

推论 6.4　如果事件序列 E_1、E_2 和时间序列 m_i 符合式（6.8），则事件序列 $\{E_1,E_2\}$ 能够替换事件序列 E_1，记作 $E_1\cap E_2\to m_i[\alpha_i]$。

$$\begin{cases} E_1 \to m_i[a_i] \\ P(E_1|E_2) < 1 \\ P(E_2|E_1) = 1 \\ P(H_1 = 1|E_2) < 1 \end{cases} \tag{6.8}$$

证明：从等式$P(E_2|E_1)=1$可知，当事件序列E_1发生时，基于假设 6.1，事件序列E_2一定发生。因此，能使用事件序列$\{E_1,E_2\}$代替事件序列E_1。

推论 6.5 对于事件序列E_1和E_2，如果$E_1 \to m_i[\alpha_i]$能够替换$E_2 \to m_i[\alpha_i]$，事件序列E_2和改变为形状α_i的时间序列m_i不是相关的。因此，$E_2 \to m_i[\alpha_i]$是无用的，能从关联集合中删除。

使用上述理论可修剪许多不可能的事件序列。基于推论 6.1，如果事件E不满足式(6.2)，则不考虑事件E与改变为形状α_i的时间序列相关联。结合推论 6.1 和推论 6.3，当出现$P(E_1 \cap E_2|H_1=1)=P(E_1|H_1=1)$时，可忽略事件序列$E_1$与时间序列$m_i$的关系。当出现$P(E_1 \cap E_2|H_1)<P(E_1|H_1)$时，移除事件序列$\{E_1,E_2\}$和包含$\{E_1,E_2\}$的所有事件序列。基于推论 6.2，如果组合事件$E_i$是组合事件$E_j$的一个子集，当$E_i$已经被认为是相关组合事件时，$E_j$将不会被考虑是相关事件序列。利用推论 6.4，每次仅选择满足式（6.9）的事件序列考虑备选关联组合事件。如果被选择的组合事件满足式（6.2），则将其加入集合$C^G(m_i,\alpha_i)$；否则，直接认为其与时间序列不相关。

$$\max_{E_i \in C_P(m_i,\alpha_i)} \left\{ P\left(E_i \middle| H_{m_i[a_i]} = 1\right) \right\} \tag{6.9}$$

当式（6.4）等于 1 时，以上的过程停止。考虑许多时间序列的改变可能是系统组件自发行为，设置参数L_2表示搜索关联次数的上限。算法 6.1 描述查找多事件和多时间序列关联的算法$A(L_1,L_2)$，其中L_1为准许错误值，L_2为迭代最大次数。

以上过程利用时间序列m_i在时间段$k+1$的形状改变和组合事件E发生在时刻k的关系，去挖掘多事件和时间序列的关系。相似地，为了挖掘多时间序列和事件的关联，可研究时间序列m_i在时间段k的形状改变和组合事件E发生在时刻k的关系。

算法 6.1 发现多事件和时间序列的关联

输入：时间序列S和事件集合$E_{\text{collection}}$

输出：组合事件和时间序列的关联S_i、$C[i]$

1:**for each** Time Series S_i **do**

2: iteration = 1

3: 将不满足式（6.2）的所有单个事件加入集合S

4: 根据引起时间序列S_i形状改变次数从大到小排列组合事件：$E_{\text{collection}}$

5: **while** (iteration < L_2 且 $E_{\text{collection}}$ 非空) **do**

6: $E = E_{\text{collection}}[1]$

```
7:            从 E_collection 移除 E
8:            if 事件序列 E 不满足式（6.2）then
9:                增加 E 进入集合 C[i]
10:           else
11:               iteration + 1 → iteration
12:               while each proper element e from E_collection do
13:                       计算 P(H_1 = 1|e∩E)
14:                   if 1 − P(H_1 = 1|e∩E) < L_1 且未被剪枝、删除 then
15:                   增加事件序列 e∩E 进入 E_collection
16:                   endif
17:                   根据引起时间序列 S_i 形状改变次数从大到小排列组合事件：E_collection
18:               endwhile
19:           endif
20:       endwhile
21: endfor
```

6.4.2　因果网络模型构造

1. 相关定义

因果网络模型基于事件和时间序列的关联来构造。为了构建因果网络，给出如下定义。

状态节点：表示一个事件或者一个时间序列的某一形状。

组合节点：表示一组事件或者一组有不同形状的时间序列集合。

2. 构造过程

使用 $G(N,L)$ 表示因果网络模型。N 包含了状态节点和组合节点。L 是有向边的集合。构造过程如下：

1）在图 $G(N,L)$ 中，为每个状态节点增加节点 v_i。

对于任意关联 $E_i \to M_j$ 或者 $M_i \to E_j$，v_i 和 v_j 表示图 $G(N,L)$ 的对应节点，将从 v_i 到 v_j 的连接加入 L。如果 E_i / M_i 是事件集合或者时间序列的集合，将组合节点 v_i 加入 N 来表示 E_i / M_i。对于任意元素 $v_k \in E_i / M_i$，增加从节点 v_k 指向 v_i 的有向边 l_j。

2）对于任意节点 $v_i \in N$，如果不与其他节点相连，则从节点集合 N 中将其删除。

图 6.6 所示为一个构造因果网络模型的例子，假设有命令集合

$$E = \{E_1, E_2, E_3, E_4, E_5, E_6\}$$

时间序列集合

$$M = \{m_1, m_2\}$$

以及关联集合

$$C^S=\{E_1\to M_1,E_1\cap E_2\to M_2,M_1\to E_3,M_1\to E_4,M_1\cap M_2\to E_5\}$$

其中，M_1表示时间序列m_1从形状α_1到β_1；M_2表示时间序列m_2从形状α_2到β_2。将组合节点C_1与C_2加入模型集合N，将连接加入L，最后，移除孤立节点E_6。

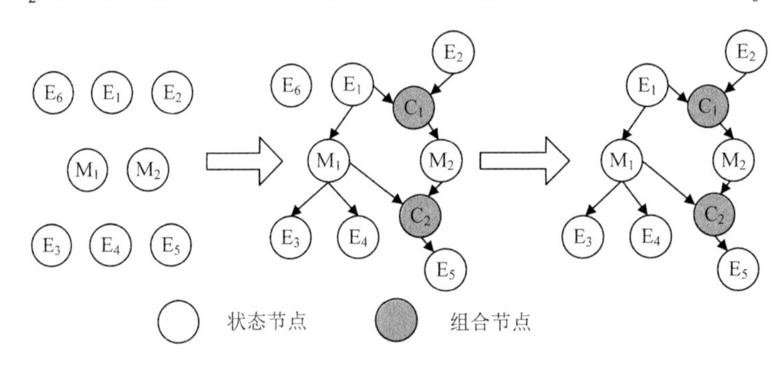

图 6.6 构造因果网络模型的一个例子

3）为每个节点和连接边增加属性z来表示关联节点的状态。

节点的属性用来描述对应事件或者时间序列的状态。若节点v_i的属性z在时间t等于1，即$v_i(z_t)=1$，表示v_i在时间t出现。若$v_i(z_t)=0$，表示v_i在时间t没有发生。对于边，当两个节点的边的属性z等于1，即$l_{v_i\to v_j}(z_t)=1$时，两个节点的关联被破坏。不同于节点，边的属性z能够等于−1，这将会在检测阶段进行更详细的说明。

6.5 检测器检测阶段的实现

基于事件和时间序列关联算法的检测器，其检测阶段分为异常识别和攻击目标定位两个阶段。首先，定义一些相关符号。$\mathrm{Pre}(m_i,\alpha_i)$表示能够引起时间序列$m_i$改变到形状$\alpha_i$的组合事件集合。$\mathrm{Rear}(m_i,\alpha_i)$表示当时间序列$m_i$的形状改变为$\alpha_i$后，被激活的组合事件集合。$\mathrm{Pre}(E_i)$表示能激活事件$E_i$的时间序列集合。$\mathrm{Rear}(E_i)$表示组合事件$E_i$出现后引起的改变形状的时间序列集合。$E(k)$表示发生在$k$时刻的事件集合。$M^c(k)$表示时间序列的集合，它们的形状在第$k$个时间段发生改变。$C^S$表示事件和时间序列的关联集合。

6.5.1 异常识别

1. 不同攻击下的关联影响

本节首先分析基于中间人模式的命令数据注入攻击和感知数据直接注入攻击对于关联的影响，然后描述异常识别算法。不同攻击下的关联影响如表 6.1 所示。

表 6.1　不同攻击下的关联影响

攻击类型	被破坏的关联	时间
基于中间人模式的命令数据注入攻击	$\mathrm{Pre}(E_i) \to E_i$	$k+1$
感知数据直接注入攻击	$\mathrm{Pre}(m_i, \alpha_1) \to m_i[\alpha_1]$	k

（1）基于中间人模式的命令数据注入攻击下的关联影响

使用符号 E_i 来描述控制器发出的命令序列 C_i。若在时刻 k 控制器未发出命令序列 C_i，则攻击者注入恶意命令序列 C_i，时间序列 $m_i \in \mathrm{Rear}(E_i)$ 在 $k+1$ 时间段将改变形状 α_i。这个情况触发了告警，因为检测器认为 E_i 没发生和关联 $E_i \to m_i[\alpha_i]$ 被破坏。当一个攻击者移除已经在时刻 k 被控制器发出的命令序列 C_i 时，关联 $E_i \to m_i[\alpha_i]$ 在时刻 $k+1$ 被破坏，将产生告警，因为检测器注意到事件 E_i 发生，但时间序列 m_i 未将其形状改变为 α_i。

（2）感知数据直接注入攻击下的关联影响

因为组合事件 $E_i \in \mathrm{Pre}(m_i, \alpha_i)$ 出现，时间序列 m_i 在第 k 个时间段将形状改变为 α_i。此时，攻击者注入恶意数据保持时间序列形状 α_i 不变，那么关联 $m_i[\alpha_i] \to E_n$（$E_n \in \mathrm{Rear}(m_i, \alpha_i)$）在 $k+1$ 时刻将不会引起告警，关联 $E_i \to m_i[\alpha_i]$ 在时刻 k 被破坏，这是因为检测器已经意识到时间序列 m_i 在组合事件 E_i 发生后并未改变形状。如果时间序列 m_i 的形状没有改变，事件 E_i 不会发生，攻击者通过注入数据改变第 k 个时间段的数据形状，那么关联 $m_i[\alpha_i] \to E_n$ 不会引起告警，关联 $E_i \to m_i[\alpha_i]$ 将会在时刻 k 被破坏。

2. 检测器识别异常的过程描述

表 6.1 说明了攻击发起时被破坏的关联。特别地，对于在时刻 k 注入恶意命令 $C(k)$ 和修改在第 $k+1$ 个时间段时间序列 m_i 形状的协同攻击，关联 $\mathrm{Pre}(m_i, \alpha_i) \to m_i[\alpha_i]$ 和关联 $E_i \to \mathrm{Rear}(E_i)$ 都将被破坏。因此，基于事件和时间序列关联算法的检测器能够有效识别协同攻击。在时刻 k，检测器识别异常的过程可描述如下。

1）构造空集合 $N^B(k)$。$N^B(k)$ 表示在时刻 k 的被攻击目标候选集合。

2）增加对应事件序列到 $E(k)$，增加对应时间序列到 $M^c(k)$。

3）对于任意组合事件 $E_l \in E(k-1)$ 和关联 $E_l \to m_j[\alpha_j] \in C^S$，如果 $m_j \notin M^c(k)$，那么关联 $E_l \to m_j[\alpha_j]$ 被破坏并发出告警。在因果网络中，任意能够描述 $e_i \in E_l$ 和时间序列 m_j 的形状 α_j 的节点都被加入集合 $N^B(k)$。

4）对于任意时间序列 $m_j \in M^c(k)$，如果不存在组合事件 E_l（$E_l \in E(k-1)$，$E_l \to m_j[\alpha_j] \in C^S$），那么关联 $E_d \to m_j[\alpha_j]$（$E_d \to m_j[\alpha_j] \in C^S$）被破坏，检测器发出告警。因果网络中描述 $e_i \in E_d$ 和时间序列 m_j 形状 α_j 的节点进入集合 $N^B(k)$。

5）对于多个时间序列 $M_l \in M^c(k-1)$ 和关联 $M_l[\alpha_1, \alpha_2, \cdots, \alpha_l] \to e_i \in C^S$，如果

$e_i \notin E(k)$，那么关联 $M_l[\alpha_1,\alpha_2,\cdots,\alpha_l] \to e_i$ 被破坏，检测器发出告警。因果网络中任意描述时间序列 $m_j \in M_l$ 形状 α_j 和事件 e_i 的节点进入集合 $N^B(k)$。

6）对于任意事件 $e_i \in E(k)$，如果不存在时间序列 M_l（$M_l \in M^c(k-1)$，$M_l[\alpha_1,\alpha_2,\cdots,\alpha_l] \to e_i \in C^G$），那么关联 $M_d[\beta_1,\beta_2,\cdots,\beta_k] \to e_i$（$M_d[\beta_1,\beta_2,\cdots,\beta_k] \to e_i \in C^G$）被破坏，发出告警。任意描述 $m_j \in M_d$ 形状 β_j 和事件 e_i 的节点将进入集合 $N^B(k)$。

在以上的过程停止后，如果 $N^B(k)$ 是个空集合，检测器将不能发现异常；否则，告警被发出。

6.5.2 攻击目标定位

本节首先阐述定位的难点，然后描述定位算法。

1. 定位问题

当不同的攻击发生时，如假数据注入（FDI）或假命令注入（FCI），在同一时间可能破坏相同的关联。例如，对于关联 $E_i \to m_j[\alpha_j]$，FCI 攻击在时刻 k 注入恶意命令 E_i，在时间段 $k+1$，FDI 攻击恶意改变时间序列 m_j 的形状。上述两个攻击在时间段 $k+1$ 都破坏关联 $E_i \to m_j[\alpha_j]$。因此，简单地分析被破坏的关联，不能确定哪个目标（如 E_i 或 m_i）被攻击者控制。特别地，当多个攻击被同时发起时，定位问题将变得更加复杂。

推论 6.6： 任意攻击属于 $\mathrm{Pre}(v_i)$ 和 $\mathrm{Rear}(v_j)$ 的目标不能引起关联 $v_i \to v_j$ 的破坏。

证明： 若 v_i 是一个组合事件，如果攻击者恶意操控 $v_{i-1} \in \mathrm{Pre}(v_i)$，那么 v_i 被触发，检测器能知道 v_i 已经发生。因此，v_j 的形状发生改变。在这种情况下，关联 $v_i \to v_j$ 不会被破坏。如果攻击者恶意操控 $v_{j+1} \in \mathrm{Rear}(v_j)$，那么 v_j 不会受到任何影响，这意味着关联 $v_i \to v_j$ 不会被破坏。当 v_i 表示一组时间序列的形状时，结果是相似的。

符号 $V^A(k)$ 表示在时刻 k 被攻击的时间序列对应形状及在时刻 $k-1$ 的恶意命令集合。符号 $C^B(k)$ 表示在时刻 k 被破坏的关联集合。考虑一个攻击者会尽力减少额外的攻击以降低成本，检测器应尽力找到有最小攻击目标的 $V^A(k)$。基于推论 6.6，攻击目标的定位描述为

$$\min_{v_i \in V^A(k)} \#\left[V^A(k)\right] \tag{6.10}$$

限制于

$$\begin{cases} P\left[C^B(k) \middle| V^A(k)\right] = 1 \\ v_i \in N^B(k) \end{cases}$$

式中，函数#(X)表示集合 X 的元素数量。

对于单个协同攻击，搜索 $V^A(k)$ 是简单的。不同的是，多个攻击被发起，使定位变

得困难的同时，时间复杂度升高到 $O\left(2^{n_G}\right)$，其中 n_G 表示因果网络中的节点数量。下面介绍用基于因果网络的贪心算法求解这一问题。

2. 定位算法

每个单位时间段，如果检测器已经识别出一些异常，定位机制将被激活，发生的事件或者改变的时间序列形状将被输入因果网络模型去计算攻击目标。首先，定义以下三个操作符：

$$v_{s_i}\left(z_m\right)\cup v_{s_j}\left(z_n\right)=\begin{cases}0, & v_{s_i}\left(z_m\right)=0,\ v_{s_j}\left(z_n\right)=0\\ 1, & \text{其他}\end{cases} \tag{6.11}$$

$$v_{s_i}\left(z_m\right)\oplus v_{s_j}\left(z_n\right)=\begin{cases}0, & v_{s_i}\left(z_m\right)=0,\ v_{s_j}\left(z_n\right)=0\\ 0, & v_{s_i}\left(z_m\right)=1,\ v_{s_j}\left(z_n\right)=1\\ 1, & \text{其他}\end{cases} \tag{6.12}$$

$$v_{s_i}\left(z_m\right)\cap v_{s_j}\left(z_n\right)=\begin{cases}1, & v_{s_i}\left(z_m\right)=1,\ v_{s_j}\left(z_n\right)=1\\ 0, & \text{其他}\end{cases} \tag{6.13}$$

定位攻击目标的因果网络算法包括三步：因果网络初始化、因果网络更新和搜索被操纵节点。每个时刻 k，以上三步将被一次执行，构造集合 $V^A\left(k\right)$。在初始化期间，因果网络的每个节点属性 z 将参照事件的发生和时间序列形状的改变而更新。同时，计算每个边的属性 z。然后，选择属性 $z=1$ 的边作为被破坏的关联，得到集合 $C^B\left(k\right)$。在初始化之后，重复搜索被操纵节点和更新因果网络，直到集合 $V^A\left(k\right)$ 元素满足式（6.10）的限制。检测器基于贪心算法搜索被操控的节点。因果网络更新与因果网络初始化相似，但不需要更新所有节点和关联，只更新认为被攻击的节点。

6.6　检测器的效能评估

本节使用云计算环境的数据和智能电网仿真，评估基于事件和时间序列关联算法的检测器，主要有以下四个目标。

1）评估参数 L_2（不同规模下的迭代次数）。

2）多事件与多时间序列关联挖掘的有效性。

3）说明检测方法识别异常的有效性。

4）评估检测方法是否能够在多攻击下定位攻击目标。

通过与现有检测方法如 BDD、基于时间序列关联方法、不变属性机器学习方法[10]和基于事件关联的方法做比较，说明基于事件和时间序列关联的检测方法的有效性。在后续讨论中，使用 MC（multiple correlation）表示多事件和多时间序列的关联挖掘方法，使用 SC（single correlation）表示单个事件和单个时间序列的关联挖掘方法。

6.6.1 智能电网环境中的检测器性能验证

图 6.7 所示为一个简单的智能电网模型，包含中央控制器、发电机、母线、传输线、开关和直接负载控制器。使用 IEEE 39-bus 系统 2 作为线路拓扑，并用 Java 实现；仿真使用直流潮流模型；母线直接与发电机连接；中央控制器能够调控发电机的发电量，通过操作直接负载控制器打开或者关闭负载；中央控制器能够通过开关连接或者断连传输线。本节主要关注 7 个命令和三类时间序列："减少需求"命令、"增加需求"命令、"减少直接负载"命令、"增加直接负载"命令、"关闭开关"命令、"打开开关"命令和"减少产能"命令，"频率"时间序列、"电流"时间序列和"温度"时间序列。电流和温度传感器连接发电机和母线的传输线。负载能被用户改变，电流能够基于负载的改变计算得到。借鉴文献[11]，基于电流和温度之间的线性关系，能够仿真传输线温度感知器的值。频率能够基于负载和发电机的差距计算得到，如第 4 章频率响应模型。当频率大于 50Hz 时，产能比负载大，直接负载需要增加，产能需要减少；当频率小于 50Hz 时，产能比负载小，直接负载需要降低，产能需要增加。如果温度突然变得非常高并保持一段时间，则开关被关闭。

随机产生请求改变用户需求，获得仿真数据。通过分析数据，获得事件和时间序列的关联。图 6.8 所示为对应的因果网络模型。在实验中，只考虑时间序列的两种形状：增加趋势和减少趋势。

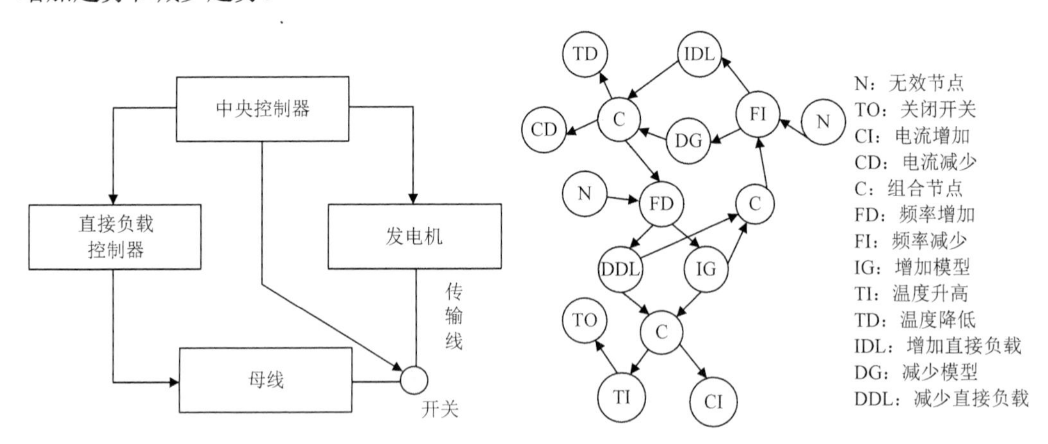

图 6.7 智能电网模型

图 6.8 智能电网数据因果网络模型

多个 FDI 和 FCI 攻击分别发起。当 FDI 攻击发起时，使用正常情况下的历史数据替换当前对应的测量值。这些攻击包括以下情况。

1）当频率正常时，注入命令 DDL。

2）当频率正常时，注入命令 IG。

3）当频率正常时，同时注入命令 DDL 和 IG。

4）使用总需求为 600MW 的电流传感器测量值代替总需求为 400MW 的电流传感器测

量值。

5）使用总需求为 600MW 的温度传感器测量值代替总需求为 400MW 的温度传感器测量值，同时电流传感器测量值满足攻击情况 4）。

6）当频率等于 50Hz 时，提高频率。

7）使用命令$\{\mathrm{IDL,DG}\}$替换命令$\{\mathrm{DDL,IG}\}$。

8）当频率正常时，IDL 和 DG 恶意注入，同时，通过坏数据注入，保持频率不变。使用多个检测方法定位和检测异常。

实验表明，基于事件和时间序列关联的检测方法能够识别 8 个攻击引起的异常，表现最好；而且该方法能够有效定位攻击目标，性能优于其他方法。

6.6.2　多个攻击同时发起时的定位性能

在智能电网环境下，发起 2000 次攻击，每次攻击由多个 FDI 和 FCI 攻击构成。使用多个方法检测攻击，基于事件和时间序列关联的检测方法在异常检测上有最高的准确率。分析未被检测的攻击，发现有的攻击目标不能被时间序列形状变化激活或者时间序列形状的变化不受任何事件的影响。当多个攻击被发起时，定位的准确率降级，但是结果要比其他方法好很多。

接下来，在更大规模的仿真网络上测量检测方法的性能。图 6.9 所示为模拟的多种攻击及其对应的随机系统因果网络模型。红色连接描述攻击破坏的关联，攻击目标$\{s_4,e_6,e_3,e_1,s_2,t_3,s_8,e_7,t_1,e_2,s_1,s_6,s_9,e_4,e_5,s_3\}$被定位，能够清晰地知道大多数被攻击节点已经被识别。

图 6.9　仿真数据下的多攻击案例

图 6.10 所示为在不同的受攻击节点比率条件下，异常识别和定位的性能。当攻击数

量较大时，异常识别的准确率提高，这是因为攻击者有可能破坏更多的关联。攻击目标定位的假阳率和假阴率也在图 6.10 中被描述。假阳率指错被当成攻击节点的正常节点数量占所有正常节点的比例。假阴率指错被当成正常节点的被操纵节点数量占所有受攻击节点的比例。随着被操纵目标的增多，假阳率和假阴率也会增加。然而，考虑攻击者控制大量目标的可能性不大，基于事件和时间序列关联的检测方法用于许多 CPS 的异常识别和定位时仍然非常有效。

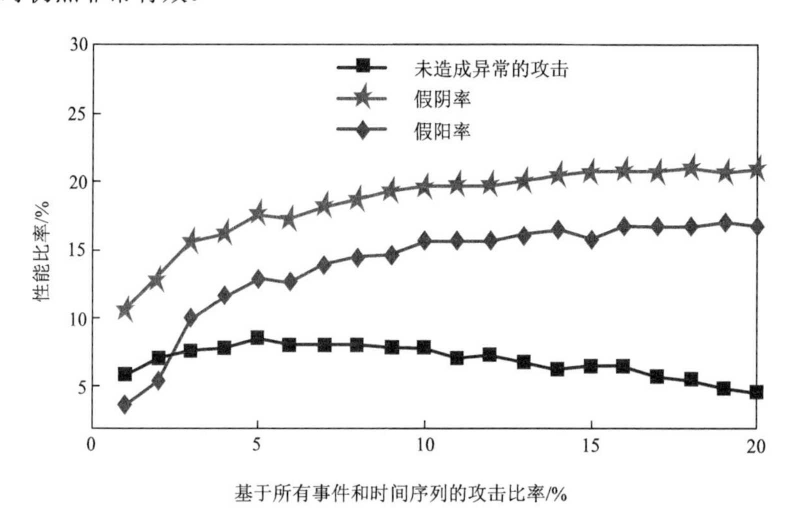

图 6.10 检测方法性能和攻击目标的数量关系

本 章 小 结

本章主要研究了如何利用命令和感知数据的关联关系，对协同攻击进行异常识别和攻击目标定位。检测器的工作分为训练阶段和检测阶段。训练阶段负责挖掘关联和构建因果网络模型。检测阶段利用关联检测异常，使用因果网络模型在多攻击并发时检测攻击目标。本章主要解决了多事件和多时间序列关联挖掘的问题，利用关联检测协同攻击的问题，以及多攻击场景下基于因果网络模型的目标定位问题。仿真结果表明，基于多事件和多时间序列关联的检测方法比单个事件和单个时间序列关联的检测方法在检测异常时更有效。面对协同攻击，基于事件和时间序列关联的检测方法比现有检测方法更有效，准确率更高，同时，能提供更好的定位结果。随着并发攻击行为的增加，基于因果网络的定位方法能够提供令人满意的定位结果。

参 考 文 献

[1] KARNOUSKOS S. Stuxnet worm impact on industrial cyber-physical system security [C]// 37th Annual Conference of the IEEE Industrial Electronics Society. Melbourne: IEEE, 2011: 4490-4494.

[2] FU X, REN R, ZHAN J, et al. LogMaster: mining event correlations in logs of large-scale cluster systems[C]// 31st International Symposium on Reliable Distributed Systems (SRDS). Irvine: IEEE, 2012: 71-80.

[3] JIANG M, MUNAWAR M A, REIDEMEISTER T, et al. Efficient fault detection and diagnosis in complex software systems with information-theoretic monitoring[J]. IEEE Transactions on Dependable and Secure Computing, 2011, 8 (4): 510-522.

[4] MIN B, VARADHARAJAN V. Cascading attacks against smart grid using control command disaggregation and services[C]// 31st Annual ACM Symposium on Applied Computing. Pisa: ACM, 2016: 2142-2147.

[5] GARCIA L A, BRASSER F, CINTUGLU M H, et al. Hey, my malware knows physics! attacking PLCs with physical model aware rootkit[C]// Network & Distributed System Security Symposium. San Diego: Internet Society, 2017: 1-15.

[6] ZHU Y, YAN J, TANG Y, et al. Coordinated attacks against substations and transmission lines in power grids[C]//IEEE Global Communications Conference.Austin:IEEE, 2014: 655-661.

[7] LI Z, YANG G-H. A data-driven covert attack strategy in the closed-loop cyber-physical systems[J]. Journal of Franklin Institute, 2018, 355(14): 6454-6468.

[8] VU Q D, TAN R, YAU D K Y. On applying fault detectors against false data injection attacks in cyber-physical control systems[C]// the 35th Annual IEEE International Conference on Computer Communications(INFOCOM). San Francisco:IEEE, 2016: 1-9.

[9] WANG P, WANG H, WANG W. Finding semantics in time series[C]// ACM SIGMOD International Conference on Management of Data. Athens:ACM, 2011: 385-396.

[10] CHEN Y, POSKITT C M, SUN J. Learning from mutants: using code mutation to learn and monitor invariants of a cyber-physical system[C]// 2018 IEEE Symposium on Security and Privacy (SP). SAN FRANCISCO:IEEE, 2018: 648-660.

[11] MISHRA S, LI X, KUHNLE A, et al. Rate alteration attacks in smart grid[C]// 2015 IEEE Conference on Computer Communications (INFOCOM). Hong Kong: IEEE, 2015: 2353-2361.

第 7 章　层次式加密和控制数据验证机制

层次式加密和控制数据验证，是对关键基础设施网络进行防护的安全增强机制。层次式加密机制为基础设施网络的信息空间提供分层安全防护，避免攻击者利用边界防护上的脆弱点实施跨安全层次的数据窃取和伪造攻击；控制数据的验证机制，避免攻击者通过篡改或伪造代码来操纵物理设备，从而保证基础设施网络在物理空间的安全。

7.1　层次式加密机制

一般来说，不同的基础设施网络所关注的安全问题不尽相同，但是数据安全通常是它们共同关心的一个方面，因为对敏感数据的遗失或滥用可能导致隐私泄露（如智能电表收集的用户用电信息）、经济损失或者严重事故（如工业生产设施中的关键数据）。2011 年，人们在工业网络中曾发现多个试图窃取工业控制系统（ICS）信息的蠕虫，安全专家认为这些蠕虫是在为后续更具破坏性的攻击收集信息的病毒程序。近年来，WannaCry 勒索蠕虫在全球暴发、Zoom 远程会议软件漏洞致数万私人视频被公开、SolarWinds 后门入侵更被称为史上影响最广、最复杂的黑客攻击。

加密机制是保证数据安全的有效方法，可以防止数据被窃听、篡改或伪造，已经被广泛应用于信息系统安全领域。但是传统计算机网络环境下的安全机制并不适合直接在基础设施网络环境下使用。大型的基础设施网络通常含有多个网络域，不仅包括位于基础设施核心区域的网络部分，还包括广泛分布在偏远地区的网络部分。对这些不同的网络域的物理边界安全保护通常采用分层防护策略，那些防护薄弱的网络域的设备相比位于良好保护网络域的设备更容易被攻击者捕获。如果攻击者成功捕获了基础设施网络设备，则可能获取其中的敏感或安全信息，甚至可能利用这些信息突破基础设施网络安全防护，进一步入侵网络其他区域。这种现实威胁对基础设施网络的安全机制提出了挑战，要求安全机制在信息空间也应当具备分层防护能力，以避免攻击者利用防护薄弱的网络区域对整个网络实施渗透式攻击。

本节面向一般基础设施网络环境对数据安全的需求，基于对称加密算法和基础设施网络特点，设计了一种具有分层防护能力的加密机制。

7.1.1　基础设施数据安全特点

由于基础设施网络类型多样，既包括工业生产设施，又包括公共服务设施，它们具有各自的行业特点，因此本节并不对具体的基础设施网络加以研究，而是面向图 7.1 所示基础设施网络所共有的一些特性。需要注意的是，实际中的基础设施网络更加复杂和庞大，图 7.1 只描绘它们固有的一些特点。

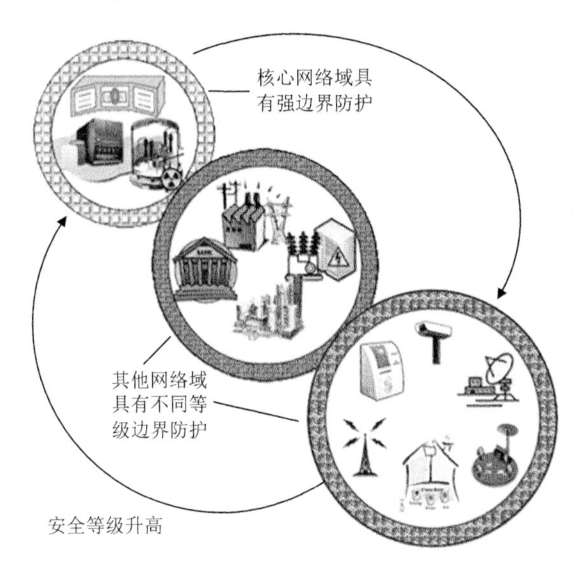

图 7.1　基础设施特征

（1）安全分级特点

基础设施网络通常分为多个网络域，其中可能具有一到多个核心网络域，如数据中心、顶层控制域或其他关键功能域，这些网络域通常具有很强的物理边界保护措施，如位于专门的场所中，有专人看守。然而，由于基础设施网络的规模及其复杂性，不可能所有的网络域都具备如此良好的边界防护措施。因此，实际上不同的网络域具有不同的安全等级（security level），可以在概念上将那些具有相似边界防护强度的网络域标记为同一安全等级，因为它们抵御物理攻击的水平是相似的。现实中，那些位于低安全等级网络域中的设备面临着被攻击者捕获的威胁，这一点是与传统计算机网络安全研究明显不同的地方，后者通常只考虑纯信息域的网络攻防问题。这一点也是本节重点关注的基础设施网络特征。

（2）网络连接特点

与数据安全相关的第二个特点是网络中复杂的通信链路。基础设施网络中设备繁多且种类多样，有些设备通过集中器连接，而有些设备则采用自组网方式连接，并且网络通信也基于多种技术实现。有理由认为这些物理链路本身并不是完全可靠的，面临着窃听和中间人等方式的攻击威胁。

（3）网络设备特点

当前的基础设施网络中采用的设备类型多样，这些设备具有不同的性能、采用标准或私有的通信协议，如果为这些设备设计一种通用的安全通信协议可能面临性能及兼容性方面的严重问题。然而，采用一种轻量级的安全机制将更加合适。假设基础设施网络中的设备均具备加解密功能。该假设在部分基础设施领域尚不现实，因为有些旧的设备仍在使用中，它们并不具备任何安全防护能力。但是按照现在智能化设备的发展速度，基础设施网络设备的升级换代不再是遥远的事情。例如，各地蓬勃发展的智能电网采用的智能电表等小型设备已具备了加解密功能。

（4）通信特点

基础设施网络用来提供各种基础性服务，其中的数据通信以物物通信（machine-to-machine，M2M）为主，对这类通信网络的要求是不需要人工干预就可以全天候工作，而且其中的一些应用对通信的实时性也有要求。基础设施网络的这种通信特点更适合采用轻量级的安全机制，因为相比重量级的安全机制，前者更加简单不易出错，对通信实时性影响更小，也更易于部署。

7.1.2 数据安全威胁

为了破坏基础设施网络数据安全，攻击者首先需要寻找网络的入侵点，然后实施相应攻击。

1. 入侵点

一般来说，物理边界防护的作用在于阻止攻击者接触基础设施网络，但是如前所述，边界防护中总存在一些相对薄弱的环节。

（1）保护不周的网络域

现代基础设施网络的规模庞大且分布广泛，由于物理安全保护等级不同，其中一些网络部分更容易被攻击者入侵，如智能电网设备正逐步走进千家万户，以及大量的远程监测设备位于偏远无人地域。攻击者可以方便地接近这些区域的设备。

（2）通信链路

在网络安全研究中，通信链路从来都默认是不安全的，特别是在复杂的基础设施网络环境下，通信链路难以妥善保护，给攻击者提供了理想的入侵点。

（3）内部人员

内部人员也可被看作一种入侵点。利用内部人员实施的攻击可以等价于攻击者突破了相应网络域的物理边界而进入系统内部实施的攻击。一般来说，这种入侵点也符合前面安全分级的特点，即越核心的网络域越难以发生内部人员攻击，而随着安全等级的下降，边缘网络域发生内部人员攻击的可能性更大。对于个别情况下核心网络域人员的内部攻击，可以认为是基础设施网络在物理域和社会域没有做好分层保护导致的，这不属于本小节所关注的安全问题。

2. 入侵行为

（1）利用捕获设备进行攻击

由于被捕获的设备可以通过基础设施网络的认证，因此攻击者可能利用该设备与网络其他设备通信以实施各种攻击。

（2）窃听攻击

攻击者可能通过窃听网络流量来获取敏感数据。窃听不仅损害了数据的机密性，而且可能为后续的攻击行为收集信息。需要注意的是，即使是加密通信也可能存在风险，因为攻击者可能已经从捕获的设备中获取了密钥（key）信息。

（3）中间人攻击

当攻击者从捕获的设备中获取了密钥信息后，就可能入侵网络会话并篡改数据。恶意篡改数据可能给基础设施网络造成多方面的损失。

上述列举的安全威胁是基础设施网络所面临的典型数据安全威胁。可以看出，由于涉及不可靠的物理安全保护，基础设施网络安全信息可能被攻击者获取，因此即使是加密通信也不能确保数据安全，这种威胁使得攻击者可能从物理防护薄弱的区域入侵整个网络。从网络规模及复杂性方面来看，为每对通信设备或者网络域设置独立的通信密钥也是不可行的。

总的来说，现存于基础设施网络中的数据安全问题本质上是在物理域、社会域实行分层防护后，在信息域却缺乏相应的分层防护机制。本节所提出的层次式加密机制正是为了弥补信息域分层防护方面的不足，消除物理域、社会域与信息域之间的这种矛盾，保护基础设施网络免遭渗透式攻击。

7.1.3 层次式加密机制设计

下面介绍基于哈希链技术设计的实现分层防护的加密机制。

哈希链最朴素的思想是将一个哈希函数（如 H）连续地应用于选定的种子（如 r）及其哈希结果，直到结果数目达到某个预定的值。得到的结果集合就称为关于种子 r 和哈希函数 H 的哈希链。

$$h_0 = r$$

$$h_n = H(h_{n-1}) = H\Big(H\big(H(\cdots H(r)\cdots)\big)\Big)$$

哈希链首先由 Lamport 提出[1]，并作为一种认证方法。这里不将其作为认证方法，而是作为一种密钥产生的方法。哈希链拥有很多独特的性质，以下这些特性使其适用于层次式加密机制。

① 给定 H，从 h_{i-1} 得到 h_i 是容易的。

② 给定 H，从 h_i 得到 h_{i-1} 是计算上不可行的。

上述特性由哈希函数所固有的抗原像性（preimage resistant）得到。

前文已经提到，信息域缺乏分层防护是导致基础设施网络中存在数据安全威胁的重要原因。考虑这种威胁，在信息域应当采取以下层次式策略。

① 允许安全等级为 l 的网络域获取安全等级低于或等于 l 的网络域中的所有数据。

从前文对安全等级的定义及安全威胁的角度来看，如果攻击者能够进入安全等级为 l 的网络域，那么自然也能够进入安全等级低于或等于 l 的其他网络域。因此，该规则并未进一步损害基础设施网络安全。

② 仅允许安全等级为 l 的网络域获取安全等级高于 l 的网络域中的部分数据。根据分层防护的特点，当攻击者进入某网络域之后，只应当获取到高安全等级网络域原本发送给该网络域的数据，而不能获取高安全等级网络域其他的数据（如通过链路监听）。

为了实现以上策略，基于对称加密算法和层次式密钥设计实现了用于基础设施网络的层次式加密机制。该机制的核心基于层次式密钥，具有如下特点：高安全等级的网络域可以获取低安全等级网络域的密钥，反之则不行，层次式密钥的这种特点由哈希链的抗原像性保证。该机制包括密钥分发、密钥协商、密钥更新及安全等级更新四项内容。本节末尾将对该加密机制的增量式部署及认证能力进行讨论。

1. 密钥分发

为了实现分层防护策略，基础设施网络的管理者首先应当将整个网络划分为具有不同物理边界保护强度的多个网络域，划分过程可以参考 IATF 报告[2]或其他类似标准。在分层防护机制中，具有强边界保护的网络域被标记为高安全等级，而具有较弱边界保护的网络域被标记为较低的安全等级。在层次式的加密机制中，不需要为安全等级设定严格的数值，只需要保证它们之间相对的大小关系即可。也不需要利用物理手段将相同安全等级的网络域连接起来，而只需要将相同安全等级和设备密钥赋予这些网络域设备即可。最终，基础设施网络被分为多个安全等级，每个安全等级中包含若干网络域。

对于密钥的分发采用密钥预分配方式，即设备在部署之前预先将密钥置入，并且设备需要具备哈希功能和对称加密功能，以实现后续安全操作。使用一台专用设备作为密钥管理设备，该设备需要具有和普通设备相同的哈希功能和加密功能，可以放置于最高安全等级的网络域中。密钥分发过程可以分为三步完成：首先，密钥管理设备为所有设备生成独立随机的秘密标识（secret identity）；然后任选种子生成哈希链，哈希链中的结果将被分配给设备作为密钥；最后，将如下信息置入设备中。

（1）设备密钥

设备密钥用于设备间协商生成通信密钥。根据各个设备的安全等级，从哈希链中选取元素作为该设备的设备密钥。高安全等级网络域的设备对应先生成的哈希链元素，设备之间选取哈希链元素的先后顺序由它们的安全等级数值之差决定，因此具有相同安全等级的设备对应于相同的设备密钥字段。

（2）设备密钥版本

在基础设施网络的运行过程中，设备密钥可能会经过多次更新。设备密钥版本（key version）的初值是零，在每次更新后会改变。

（3）安全等级

安全等级，即设备所处网络域的安全等级，该字段除了用于密钥分配，还用于通信过程中的密钥协商。安全等级由基础设施网络管理者确定。

（4）安全等级版本

安全等级版本（security level version）与设备密钥版本类似，会随时间改变。

（5）秘密标识

秘密标识由密钥管理设备生成并分发给所有设备，用于密钥和安全等级的更新过程。该字段不用于通信过程，因此攻击者即使捕获设备，也无法获知网络中其他设备这一字段的信息。

2. 密钥协商

当密钥分配完成后，设备之间就可以进行密钥协商和加密通信了。在本章所提的加密机制下，密钥协商过程非常简单，主要基于设备中存储的安全等级字段完成。在协商时，每台设备与其相邻设备交换自己的安全等级信息并按照如下规则确定它们之间的通信密钥。

1）如果相邻设备的安全等级大于或等于自己的，则使用自己的设备密钥字段作为自己与该相邻设备的通信密钥。

2）如果相邻设备的安全等级小于自己的，则对自己的设备密钥迭代地执行哈希操作，执行的次数为自己与相邻设备安全等级数值之差，并将得到的结果作为与该相邻设备的通信密钥。

当协商完成后，每台设备将相邻设备的安全等级和协商确定的通信密钥保存下来以便进行加密通信。在上面的协商过程中，安全等级字段是以明文形式传送的，所以攻击者可以通过窃听获取该信息。但是各个设备通过自身存储的设备密钥、安全等级、接收到相邻设备的安全等级及哈希函数在本地计算出通信密钥，并且不需要把计算结果传回给相邻设备，所以攻击者依靠窃听将不能得到通信密钥。如图 7.2 所示，相同安全等级的设备共享相同的通信密钥，而跨安全等级的通信密钥则由以上规则得到。

3. 密钥更新

设备被捕获后可能造成密钥泄露，虽然层次式加密机制可以帮助高安全等级的网络域抵御利用低安全等级密钥的攻击，但是攻击者仍可能解密具有与被捕获设备相同或更低安全等级设备的信息。为了减轻这种威胁，在设备捕获事件被发现之后，应当立即进行密钥更新。另外，当网络结构发生变化时，也需要进行密钥更新。

当密钥更新开始之后，密钥管理设备会计算出新的哈希链，并且将这些结果以 $\{\text{flag}, \text{vk}, C(\text{NKs})\}$ 的形式分发给各个设备。其中，flag 是标志字段，用来在消息中指明这是一个密钥更新消息；vk 表示此次密钥更新后的密钥版本；NKs 是新生成的设备密

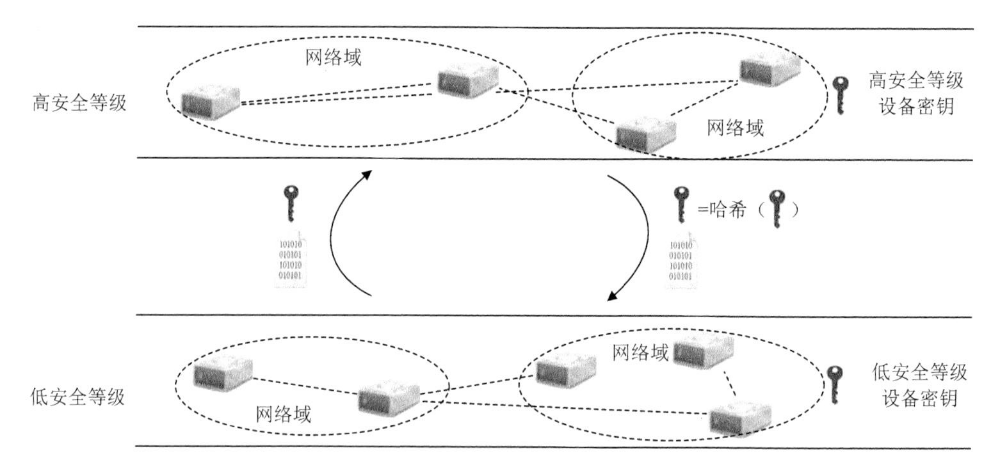

图 7.2　安全等级与跨安全等级通信

钥，而 $C(\mathrm{NKs})$ 表示使用每台设备的秘密标识对其新设备密钥进行加密，并且将所有结果连接起来。这里使用秘密标识作为密钥更新消息的加密密钥来保证只有合法的设备能够获取该更新，通过将被捕获设备的秘密标识从下次更新中删除就可以保证该设备此后不能再接入基础设施网络。需要注意的是，最终生成的消息包含 $C(\mathrm{NKs})$，因此消息体积可能很大并且在发送的时候可能被分片，因此这里采用的通信协议应当具备分片及再重构功能。当然，协议的分片及重构功能不是本章关注的重点，这里不再展开讨论。

密钥管理设备构造更新消息后，可以将该消息发送给网络中的任意设备。当接收到该消息后，接收设备执行如算法 7.1 所示的密钥更新过程。

算法 7.1　密钥更新算法

输入：密钥更新消息 $\{\mathrm{flag}, \mathrm{vk}, C(\mathrm{NKs})\}$

　　　消息接收设备 d 自身的设备密钥、设备密钥版本和秘密标识字段

输出：修改后的密钥更新消息 $\{\mathrm{flag}, \mathrm{vk}, C(\mathrm{NKs})'\}$

```
BEGIN
    Check flag to ensure this is a Key Update message
    Check vk
    IF (vk > d.Key Version)
        Decrypt C(NKs) with d.Secret Identity
        IF Successful
            Update d.Key to NKd
            Update d.Key Version to vk
                Update pair-keys between d and d's neighbors
                Remove NKd from C(NKs) and get C(NKs)'
            Forward C(NKs)' to d's neighbors
```

```
            ENDIF
        ELSE
            Discard this message
        ENDIF
    END
```

当添加一个新设备到基础设施网络中时，可以参考密钥分配过程中的操作，为该设备设置秘密标识和安全等级，然后根据安全等级从当前的哈希链中挑选一个元素作为设备密钥，再将当前的设备密钥版本和安全等级版本与以上信息一起置入该设备，从而完成设备的入网。

4. 安全等级更新

随着基础设施网络所处物理环境及安全策略的变化，可能存在着对设备安全等级进行更新的需求，并且当安全等级更新后，根据层次式加密机制的规则，设备密钥也需要进行更新。

安全等级更新过程和密钥更新过程很相似。密钥管理设备首先从管理人员处获取网络中设备新的安全等级信息，然后生成新的设备密钥，并且发布更新消息 $\{\text{flag}, \text{vl}, C(\text{NLs}, \text{NKs})\}$。其中，flag 为安全等级更新标志；vl 为安全等级版本；$C(\text{NLs}, \text{NKs})$ 表示对每个设备的新安全等级（NLs）和新设备密钥（NKs）进行加密并连接。

当设备接收到更新消息后，同样检查 flag、vl 字段，并且尝试解密得到各自的安全等级和设备密钥信息。之后，安全等级版本将更新为新的版本号，而密钥管理设备和普通设备的设备密钥版本均自动加 1。该更新同样将触发设备新一轮的密钥协商过程，此处不再赘述，可参考算法 7.1。

5. 讨论

这里对层次式加密机制的认证能力和增量式部署进行讨论。

从以上对加密机制主要内容的介绍来看，其中并没有涉及数据的认证能力。实际上该加密机制通过密钥预分配和秘密标识机制而具备一定的认证能力，因为只有合法设备才能利用自身的秘密标识在密钥和安全等级更新过程中获取新的密钥并继续接入网络运行。这种认证方式相比公钥机制下的认证过程更加简单，但这是一种粗粒度的认证策略，只能在通信中实现按照安全等级的认证。如果一对设备希望互相实现细粒度的认证，则可以基于该加密机制提供的加密通信，利用迪菲-赫尼曼（Diffie–Hellman）方法单独协商一对密钥，并采用基于哈希消息认证码（Hash-based message authentication code，HMAC）的方法来实现数据的可认证性及完整性。

另外一个需要考虑的问题是如何将该机制应用于不具备加解密功能的设备。现今的市场上存在着充足且便宜的加密芯片，可以利用这些芯片制作加解密模块并加装到这些设备上来支持加密机制。另外，还可以为这些设备在每个网络域设置一个安全代理，该代理与其他网络域设备通信时执行加密机制，与本网络域设备通信时则采用传统通信方式。然而，这只是一种折中的方案。考虑基础设施网络的重要性，仍然建议基础设施网络的管理者尽快将陈旧设备更新为具备更强安全功能的设备。

7.1.4 性能评估

假设基础设施网络中共有 n 台设备，它们被分为 k 个安全等级，并且每个设备平均拥有 m 个通信邻居。根据对加密机制的描述，其计算和存储开销可以按表 7.1 估算。

表 7.1 层次式加密机制的计算和存储开销

开销		频率	密钥管理设备	普通设备
计算开销	密钥分配	一次	$O(n)$：生成设备秘密标识 $O(k)$：生成哈希链作为设备密钥	N/A
	密钥协商	偶尔	N/A	$O(m)$：对安全等级做比较
	密钥更新	极少	$O(n)$：对设备密钥加密 $O(k)$：生成哈希链作为设备密钥	$O(n-\log_m n)$：解密消息
	安全等级更新	极少	$O(n)$：对设备密钥和安全等级加密 $O(k)$：生成哈希链作为设备密钥	$O(m)$：对安全等级做比较 $O(n-\log_m n)$：解密消息
	加密通信	非常频繁	N/A	$O(1)$：执行加解密操作
存储开销		N/A	$O(n)$：存储设备秘密标识、安全等级 $O(k)$：存储设备密钥 $O(1)$：存储密钥版本和安全等级版本	$O(m)$：存储通信邻居的安全等级和通信密钥

可以看出，在加密过程绝大部分的运行环节，普通设备的计算开销都是非常小的。在极少的情况下，普通设备为了获取更新信息需要执行大量的解密操作，这主要是由于这里仅采用了最基本的数据更新方法，如果采用某种快速查找方法，设备就可以用更小的计算代价找到对应于自己的更新数据。

加密机制最关心的性能问题应当是由于采用了加密通信而引进的额外开销。另外，从表 7.1 中还可以看到，对于密钥管理设备来说，密钥生成过程是最耗时的。下面将就加密通信及密钥生成过程的性能开销进行实际测试。

1. 加密通信性能

加密机制有助于保护数据通信的安全，但是会带来额外的性能开销和通信延迟。在层次式加密机制中，可采用任一种对称加密算法。这里采用高级加密标准（advanced encryption standard，AES）算法，使用 128 位密钥和 1024 位待加密数据进行测试。算法的实现基于 Cryptlib[3]函数库。表 7.2 列出了三种设备的主要配置。图 7.3 展示了加密通信在三种不同设备上的性能。

表 7.2　加密通信实验用设备配置

设备名称	类型	处理器	主存/MB
Nokia 770	互联网平板电脑	ARM，220MHz	64
Nokia N810	互联网平板电脑	ARM，400MHz	128
ThinkPad X201	笔记本计算机	Intel Core i5，2.67GHz×2（双核）	768

实验中使用往返时间（round trip time，RTT）作为设备正常通信情况下的性能指标，与加解密操作的时间开销进行对比。实验环境为无线局域网，RTT 由 Ping 测试得到。图 7.3 中的 RTT 和加解密时间均为 1000 次实验结果的算术平均值。

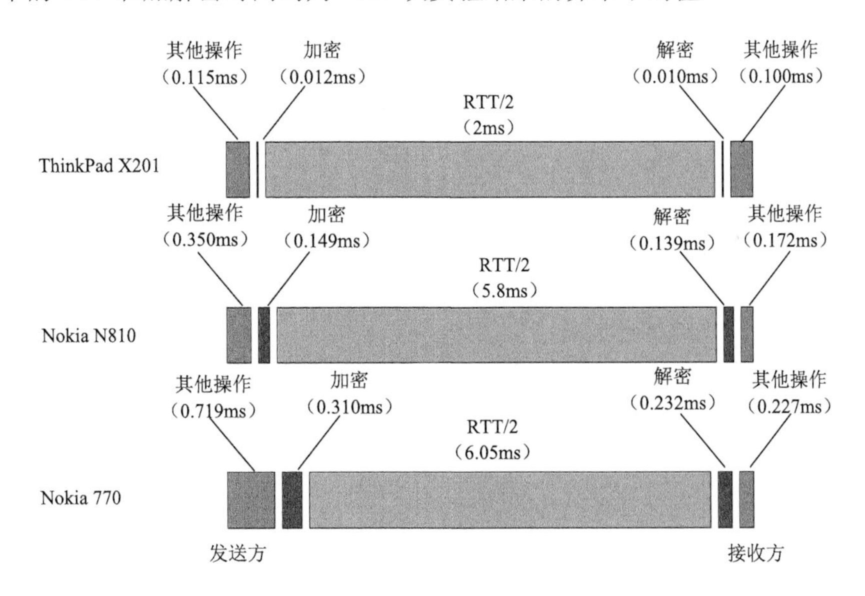

图 7.3　加密通信性能测试结果

图 7.3 中的“其他操作”是指数据的准备（如生成待加密数据、复制数据）等操作。可以看到，不同设备上的加密通信性能不同，但是在整个通信过程中数据传输时间（RTT/2）都占用了 80%以上的时间，而加解密操作占用的时间开销甚至比数据准备过程的开销还要小。考虑这里的 RTT 是在局域网环境下测得的，在实际网络中，传输延迟的数值还会显著增大，因此加解密操作带来的时间开销基本是可以忽略的。

另外，值得注意的是，由于网络传输延迟在整个通信过程中占据的时间开销最大，加密机制本身的维护操作应尽量减少报文交换。在层次式加密机制中，密钥协商仅需要交换一对报文即可完成，这确保了对正常通信造成的延迟达到最小。

2. 密钥生成性能

在密钥/安全等级更新过程中，密钥管理设备需要生成层次式密钥并使用各设备的秘密标识对这些密钥进行加密。本节对该过程的性能开销进行测试，这里使用上述实验中的 ThinkPad 笔记本计算机作为密钥管理设备，利用 MD5 算法生成一组 128 位的层次式密钥，设备的秘密标识为 128 位，选取 AES 加密算法来加密。

图 7.4 所示为生成并加密一组新的层次式密钥所需的时间。可以看到，当网络中设备数量小于 1 万个时，密钥管理设备可以在 1s 之内将所有密钥准备完毕；当设备数量达到 10 万个时，所有的密钥准备工作仅需 7s 即可完成。由简单分析可知，该过程的性能开销只和生成的层次式密钥数量有关，而与基础设施网络的具体结构无关。虽然没有面向具体的基础设施网络，但是实验中所假定的设备数量已经可以反映出较大规模网络的性能开销情况。

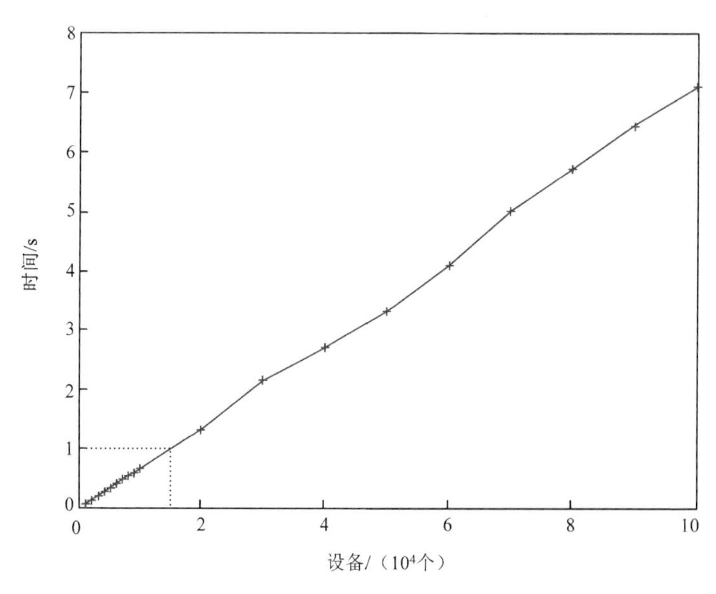

图 7.4　生成并加密一组新的层次式密钥所需时间

3. 讨论

上述性能测试使用的是通用硬件和 C 语言函数库。在实际应用中，若采用加解密专用硬件或使用汇编函数来编写算法核心模块，层次式加密机制的性能将进一步提升。

对于保护数据安全的密钥加密的备选方案还包括公钥加密或 Kerberos/Needham-Schroeder 类型的方案，后者也基于对称加密算法。这两种类型方案的详细内容不再赘述，仅就它们与本章方案的区别做对比，如表 7.3 所示。

表 7.3　三类数据安全方案对比

特性	公钥加密方案	Kerberos/Needham-Schroeder 方案	本章方案
机密性	是	是	是
完整性	是	是	是
可认证性	是	是	部分
第三方设备	需要	需要	需要
计算开销	高	中	低
存储开销	中	中	中
操作复杂性	中	高	低
防护特点	细粒度	细粒度	分层防护

从表 7.3 可以看出，公钥方案和 Kerberos/Needham-Schroeder 方案具备与层次式加密机制相似的安全特性。但这两类方案只是面向通用计算机网络环境设计的，而没有专门考虑基础设施网络中数据安全的特点，如设备的多样性、M2M 通信的主导性及分层防护策略等。考虑基础设施网络这一应用环境，它们的主要缺陷分别为较高的计算开销和复杂的交互操作，这使它们难以应用于基础设施网络环境。比较而言，层次式加密机制更加适合基础设施网络环境。

7.2　控制数据验证机制

7.1 节所述层次式加密机制主要用于保护基础设施网络中通信数据的机密性和完整性，防止攻击者利用物理世界中的脆弱点入侵整个网络的信息空间，这可以为许多数据采集类业务提供良好的保护。另外，基础设施网络中还存在另一类业务，即控制业务。在控制业务中，控制器接收控制命令并操控物理设备进行工作。在这个过程中，需要保证控制数据的完整性和可认证性，以避免攻击者实施数据篡改和伪造攻击，从而由信息空间侵入物理空间造成破坏。

本节面向基础设施网络中的控制业务，介绍一种用于控制器的数据验证机制，并在本节最后讨论对控制器安全功能的改进。在基础设施网络中，控制业务通常是由监督控制与数据采集（SCADA）系统实现的，下面首先对 SCADA 系统进行简要介绍。

7.2.1　SCADA 系统

SCADA 系统主要用于工业设施中的控制系统，基于传感器收集物理设备信息，并基于控制器执行对物理设备的操作。在许多领域，使用 SCADA 系统比采用人工控制的方式更加高效，并且在一些危险或要求高度自动化的领域，采用 SCADA 系统是唯一可行的方式。SCADA 系统通常包括以下设备或元素。

（1）操作员

操作员负责监视 SCADA 系统的运行情况，并通过 SCADA 系统实施监测与控制操作。

（2）人机界面

人机界面（human-machine interface，HMI）为操作员提供一个与 SCADA 系统交互的接口。它能够向操作员展示各种数据，并提供对 SCADA 系统进行操作的功能。

（3）主终端单元

主终端单元（master terminal unit，MTU）从 PLC 或其他控制器中获取监测数据，通过 HMI 呈现给操作员；或者接收操作员的指令，并发送命令给控制器。

（4）远程终端单元

远程终端单元（remote terminal unit，RTU）在主-从结构中属于从属设备，负责收集底层物理设备的信息并发送给 MTU；或接收 MTU 的指令并发送控制信号给物理设备进行控制操作。RTU 通常还会预先加载一些控制程序，具备自行对物理设备进行控制的能力。PLC 即一种 RTU 设备。

SCADA 系统起着信息空间和物理空间接口的作用，信息空间的威胁可能经由这里进入物理空间，造成对现实世界的破坏。震网蠕虫就是通过 PLC 设备对物理设备进行破坏的。

PLC 设备在设计上存在着安全方面的缺陷，为震网蠕虫攻击提供了可利用的漏洞。具体来说，PLC 设备缺乏对接收的控制数据的验证功能。由于缺乏验证功能，PLC 无法识别控制数据的来源，因此作为一种控制数据，控制程序只要没有语法错误，就可以在 PLC 上加载并执行，这使得恶意代码只要能够被主机下发到 PLC 上，就可以成功执行。

为了消除该脆弱性，需要采用数据验证机制，以期对 PLC 设备的控制程序更新过程提供保护。

7.2.2 基于 HMAC 方法的数据验证

在现代工业设施中，大量物理设备在自动控制系统的指挥下工作。为了提高控制效率，也为了避免由于网络故障引起的控制失效，PLC 能够在没有接到 MTU 设备发来的指令时，根据内部载入的控制程序自主地操作物理设备。

当需要更新 PLC 内部的控制程序时，操作员可以使用计算机临时连接 PLC 并载入新的控制程序。在这个过程中，如果计算机已经被病毒感染，则 PLC 就可能被写入恶意程序。为了避免这种情况发生，PLC 需要具备对载入的数据进行验证的能力，以保证控制程序来源的合法性。

在 ICS 中，许多业务过程是时间敏感的，所以人们通常认为在这类系统中应用数据验证机制会带来延迟，而这将损害控制系统的可用性并可能导致事故。然而，需要指出的是，仅在 PLC 更新控制程序时进行一次数据验证，不会给 PLC 之后的工作过程带来任何延迟，并且正常情况下 PLC 更新控制程序的频率是非常低的。

应用于 PLC 的数据验证机制应满足以下具体要求。

1）可以验证数据的来源：对数据的来源进行验证可以保证数据的合法性。在震网蠕虫攻击事件中，未经验证来源的控制程序被载入 PLC 并造成了严重破坏。

2）可以验证数据的完整性：对数据完整性进行验证可以保证数据在发布过程中没有被修改。缺乏完整性验证的数据可能包含恶意代码片段，并被载入 PLC 设备。

3）简便并易于部署：基础设施网络具有比传统计算机网络更加复杂的网络结构，出于安全和效率的考虑，附加的安全机制不应当影响原有的网络结构。由于可用性在 ICS 中至关重要，如果安全机制影响可用性，即使它在安全方面完美无缺，也是不能被采用的。

基于 HMAC 的数据验证方法可以很好地满足以上要求。HMAC 的详细定义可以参考文献[4]。简单来说，HMAC 方法是利用哈希函数和共享密钥对数据执行一系列运算得到该数据的验证码，然后将数据与验证码一起发送出去。

数据的接收方利用同样的哈希函数和共享密钥对数据执行相同的过程并比较验证码，如果一致，则验证了数据的完整性。同时，由于密钥仅在发送方和接收方共享，所以验证码比对成功的同时实现了对数据来源的验证。

下面对基于 HMAC 的数据验证机制进行具体描述。该机制包括密钥分发、数据验证及密钥更新三个阶段。

1. 密钥分发

不失一般性，可以假设基础设施网络中的所有 PLC 设备均由同一台主机 X 负责控制程序的更新，因此 PLC 设备仅需保存与该主机的共享密钥即可。由于 PLC 设备和主机 X 均位于基础设施网络核心区域，不需要考虑物理失窃的风险，因此所有 PLC 设备可共享同一密钥。

这里使用密钥预分配的方案，并且由主机 X 负责密钥的管理。在密钥预分配过程中，为每台 PLC 设备设置如下信息。

（1）共享密钥

作为主机和 PLC 设备的共享密钥，该密钥主要用来在 HMAC 算法中实现数据认证。共享密钥被同时预置到主机 X 和各 PLC 设备中。

（2）共享密钥版本

共享密钥需要周期性更新，该字段记录了当前使用的共享密钥的版本。共享密钥版本的初始值为零，此后每次更新时递增。

此外，这里要求主机 X 和 PLC 设备均具备执行哈希函数及加解密函数的能力。

2. 数据验证

在密钥分发完成之后的任意时刻，主机 X 都可以连接 PLC 来更新控制程序。为了实现数据验证，主机 X 需要使用 HMAC 方法为新的控制程序生成验证码。使用 H 代表 HMAC 中的哈希函数；B 代表控制程序中的数据分组长度，该值由具体的哈希函数 H 确定。然后指定两个不同的填充值 ipad（通常采用 0x36 并重复 B 次）和 opad（通常采用 0x5C 并重复 B 次）。对于 ipad 和 opad 的选择，应使它们之间的海明距离足够大。验证码生成的过程如下。

1）为共享密钥补 0 至长度 B。如果共享密钥的长度大于 B，则先对共享密钥进行哈希运算再补齐（假设哈希函数的输出长度小于 B）。得到的结果作为 k。

2）将 k 和 ipad 进行异或运算，得到 s_1。

3）对控制数据和 s_1 的联合串进行哈希运算，得到 h_1。

4）将 k 和 opad 进行异或运算，得到 s_2。

5）对 h_1 和 s_2 的联合串进行哈希运算，得到 h_2。

由以上过程得到的 h_2 作为控制数据的验证码，对控制数据的伪造及篡改将导致 h_2 的变化。

最后，主机 X 将控制程序和验证码 h_2 一起发送给 PLC，后者接收到验证码 h_2 之后重复上述过程并比较结果，实现对控制程序的完整性和来源的验证。在以上过程中，s_1 和 s_2 可以提前运算，因此该过程的运算主要包括两次哈希运算。该过程仅在每次控制程序更新时执行一次，因此不会给主机 X 和 PLC 带来性能上的负担。

3. 密钥更新

不论安全机制多么完善，其中的密钥信息都应当定期更新。周期性的密钥更新可以显著地降低信息攻击的风险。

在密钥更新过程中，主机 X 生成新的共享密钥，并以 $\{\text{flag}, \text{vk}, E(\text{Key}')\}$ 的形式发送给每台 PLC。其中，flag 指明该消息是密钥更新消息；vk 是新密钥的版本号；$E(\text{Key}')$ 是使用原共享密钥对新密钥进行加密得到的数据。由于假设 PLC 不会被攻击者捕获，因此在密钥更新过程中可以使用原共享密钥对新密钥进行加密传输。当接收到消息后，接收者通过 flag 和 vk 识别消息，并使用原共享密钥解密消息获取新密钥。

当新加入 PLC 时，只需将当前的共享密钥及共享密钥版本一并置入新设备中即可。

7.2.3 性能评估

假定某 ICS 中有一台主机 X 负责更新控制程序和管理密钥，有 n 台 PLC 设备。基于 HMAC 方法的数据验证机制的计算和存储开销如表 7.4 所示。

表 7.4　数据验证机制的计算和存储开销

开销		频率	主机 X	PLC 设备
计算开销	密钥分配	一次	$O(1)$：生成共享密钥	N/A
	数据验证	偶尔	$O(1)$：执行哈希操作	$O(1)$：执行哈希操作
	密钥更新	极少	$O(1)$：生成共享密钥 $O(1)$：对密钥加密 $O(1)$：生成 s_1 和 s_2	$O(1)$：解密 $O(1)$：生成 s_1 和 s_2
	正常工作状态	非常频繁	N/A	N/A
存储开销		N/A	$O(1)$：存储共享密钥 $O(1)$：存储密钥版本	$O(1)$：存储共享密钥 $O(1)$：存储密钥版本

从表 7.4 中可以看到，在大部分的操作过程中，数据验证机制只具有常数时间的计算开销，并且在主机和 PLC 设备处于正常工作状态时，数据验证机制不会产生任何计算开销，这是因为数据验证过程只会在 PLC 更新控制程序时才执行。此外，主机 X 和 PLC 设备的存储开销也仅有常数规模。

需要注意的是，数据验证功能也可以使用公钥加密方案实现。如果主机和 PLC 设备共享了密钥，则可以使用对称加密方案实现。表 7.5 将这两种方案与本章方案进行了对比。

表 7.5　三类数据验证方案的对比

特性	公钥加密方案	对称加密方案	本章方案
可认证性	是	是	是
完整性	是	是	是
机密性	是	是	否
第三方设备	需要	需要	需要
计算开销	高	中	低
存储开销	高	低	低
操作复杂性	高	低	低

从表 7.5 中可以看到，公钥加密方案由于性能开销大及部署复杂，因而不适用于 ICS；对称加密方案可以实现和本章方案类似的功能，并且支持数据机密性保护，但是对称加密方案相比本章方案具有更高的计算开销，而数据机密性在控制业务中通常并不做要求。

7.2.4　控制安全能力的进一步提升

上面介绍了一种基于 HMAC 的数据验证机制，它可增强控制过程的安全性。实际上，作为一种控制器设备，PLC 在设计时就缺乏对数据安全的考虑。除不对加载的控制程序来源进行验证外，PLC 还不能实时对自身的状态进行监测，而这可能导致攻击者通过修改 PLC 的配置信息实现攻击。

在 PLC 中存在一些重要的模块，如数据模块（data block），存储数字和结构等程序数据；系统数据模块（system data block），存储 PLC 的配置信息；组织模块（organization block），作为程序的入口被 CPU 反复执行；功能模块（function block），是标准的代码块，包含 PLC 需要执行的控制代码。由于控制系统并不对 PLC 的这些信息进行实时监测，攻击者可能在操作员未察觉的情况下修改其中的信息。

考虑以上威胁，控制系统应当建立一种对 PLC 等控制器的监测机制。监测机制及本节提出的数据验证机制都需要从硬件上对 PLC 进行改进，为其添加数据验证和状态查询的接口，如图 7.5 所示。

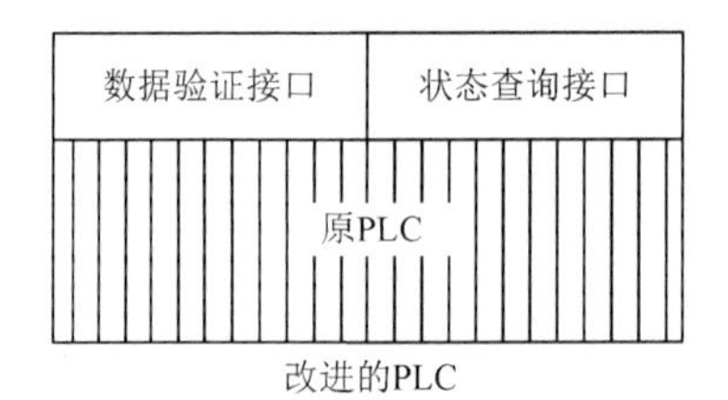

图 7.5　PLC 安全改进

其中，状态监测机制可以考虑采用以下方式实现。

（1）主动监测

在这种方式中，PLC 实时监测自己的内部状态，并在发现状态改变时主动给监测主机发送信息。为了降低 PLC 工作的复杂度，也可以周期性地上报状态信息，由监测主机通过比对来发现变化。

（2）被动监测

监测主机和 PLC 也可以采用查询-应答的方式交换信息。在这种方式中，PLC 提供状态查询功能，被动地等待监测主机的查询。

本章小结

本章从威胁预防的角度看待基础设施网络面临的数据安全问题，并针对两类典型的数据业务提出有针对性的安全增强机制，如图 7.6 所示。

基础设施网络中数据的收集和传输需要有对数据机密性和完整性的保证，这一点通常可以采用任意数据加密机制来实现。然而基础设施网络本身在边界防护方面所采用的分层防护策略使得那些保护薄弱的网络域极有可能成为攻击者入侵整个网络的突破点，为物理空间的威胁（攻击者捕获网络设备）进入信息空间（侵害整个网络中的数据安全）留下了隐患。7.1 节介绍了一种层次式加密机制，实现在信息空间的分层防护，从而有效应对这种威胁。层次式加密机制拥有极为简便的密钥管理方法，使得跨安全层通信与层内通信一样简单。该机制可独立作为一种数据加密通信方法，也可以作为现有通信协议的密钥管理机制。

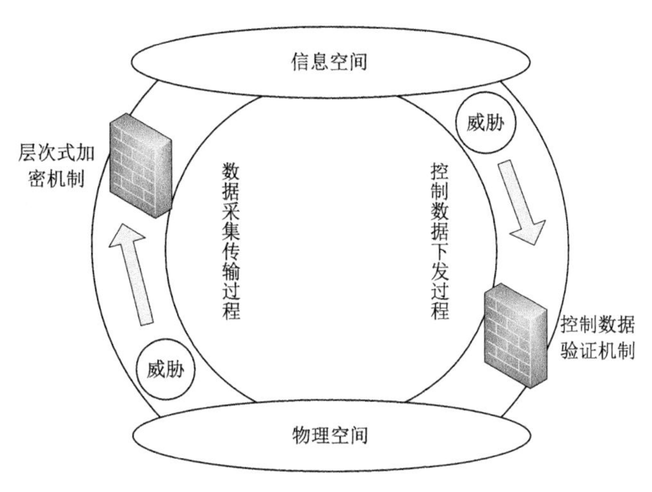

图 7.6　威胁预防机制阻止威胁入侵

另外，基础设施网络中的控制业务，即控制数据的下发，需要有对数据完整性和可认证性的保证。由于控制系统在设计时并不具备这种安全能力，使得攻击者可能利用控制器破坏物理设备，为信息空间的威胁（恶意程序）进入物理空间（影响物理过程、破坏物理设施）提供了条件。7.2 节介绍了一种基于 HMAC 的数据验证机制，在信息空间到物理空间的最后一环实现对数据的安全检查，从而有效应对这种威胁。7.2 节的最后还讨论了进一步增强控制器安全能力的方法。数据验证机制契合了基础设施网络中工业控制系统的工作特点，可以在不影响控制系统性能的前提下，对控制程序更新过程实现高效的数据验证。

本章提出的两种安全机制均为轻量级方案，契合了基础设施网络对性能的限制要求。

参 考 文 献

[1] LAMPORT L. Password authentication with insecure communication[J]. Communications of the ACM, 1981, 24(11): 770-772.

[2] National Security Agency. Information assurance technical framework[R/OL]. (2002-01-01) [2020-06-11]. https://ntrl.ntis.gov/NTRL/dashboard/searchResults/ titleDetail/ADA606355.xhtml.

[3] GUTMANN P. Cryptlib encryption toolkit[R/OL]. (2012-01-01) [2020-06-11]. http://www.cs.auckland.ac.nz/~pgut001/cryptlib/.

[4] KRAWCZYK H, BELLARE M, CANETTI R. HMAC: keyed-hashing for message authentication[R/OL]. (1997-02-01) [2020-06-11]. http://www.ietf.org/rfc/rfc2104.txt.

第 8 章　智能电器安全控制协议

智能电器的安全控制协议，是为了应对智能电网中的负载突变攻击而设计的自愈和安全能力增强机制。该机制基于群体智能，把智能电网中的电器作为一个智能体(agent)，各自运行用户友好的新的负载调度算法，从而使电网保持安全稳定运行的状态。

8.1　智能电网的稳定性

电网是现代社会运行不可缺少的关键基础设施，居民的正常生活、工厂的生产和国防安全都离不开电力。一旦电网出现故障，可能造成巨大的经济损失，影响人们的正常生活生计[1-2]。

智能电网[3]的主要特点是它基于信息和电力输送技术，实现双向能量交换和分布式发电技术，从而使电力需求侧管理更为复杂。供需失衡将使电网处于不稳定状态，甚至引起连锁故障。因此，为了与电力消耗的波动达成平衡，电网中的某些发电机需要经常启动或关闭，但是这会带来额外的成本和对发电机的损害。

为了解决这个问题，研究人员提出了多种算法来减少一天中电网上的负载波动[4-6]。一天中负载的波动可以根据历史经验进行预测，提前使发电机组做好启停的准备。电网中负载的突然变化或发电机组的突然故障是短时间内发生的，管理人员很难及时做出反应。因此，需要设计一个自动的负载调度算法，能够在电网发生突然变化时尽力使电网处于一个安全稳定运行的状态。造成电网中负载突然变化的原因是多方面的，如大量普通用户的大功率电器的突然接入，或者恶意的攻击者操纵大量的电器接入电网[7]。

与传统电网相比，在智能电网中状态的突然变化更有可能发生。例如，用户可能向电网出售电力，在很短的时间内增加电力供应[8]。现在已有一些解决方案来应对一天内电力需求起伏的问题。下面列举一些常用方法。

第一种方法是存储电力。例如，利用高容量电池进行充放电，或者是建设抽水蓄能电站，通过电力存储设施的充电和放电可以缓解发电端与需求侧的供需不平衡。但是，电力储存的成本通常是非常昂贵的，而且在充电或放电的时候，会有很大的功率损失。

第二种方法是改变用户的用电行为。这种方法通常通过调整实时电价来实施[9]，引导用户适当调整自己的用电时间。该方法需要管理者准确了解用户对价格的敏感度，而这又是十分困难的，只能通过多次的调整来达到稳定的效果。文献[10]提出基于负载特性来学习不同电价下的用户行为，然而，该方法只是针对电力需求侧在一天中的起伏稳定情况进行研究，并没有讨论如何用该方法来稳定系统状态。

第三种方法是使用智能电器。智能电器可以接收来自电网的信号并迅速决定其调度方式，这里的信号可以是价格、电压或频率。

下面介绍一个用户友好的恒温电器的负载调度算法，来应对智能电网的突然变化。其主要的思路是，考虑每台电器的运行周期和关停周期，当必须运行或者关停一些电器时，选择连续运行时间与其运行周期相接近，或者连续关停时间与其关停周期接近的电器。仿真结果表明，这种方法是用户友好的，便于部署，有助于电网的安全稳定运行。

8.2 恒温电器简介

智能电器在平衡电网供需平衡、保障电网安全稳定方面扮演着重要角色。一方面，智能电器可以自动处理任务，给人们带来更多便利；另一方面，通过智能控制，可以调整自身工作状态来平衡智能电网的供需。研究人员将智能电器分为不同类型[11]，但研究的主要目的都是减少负载波动。当变化突然发生后，如果要保持智能电网处于安全状态，用以维持电网稳定的电器设备应满足以下条件。

1）电器的运行应该能随时被停止。

2）家用电器应该占所有负载的很大一部分，使它们可以用来应付突然的剧烈变化。

3）在任何时候，都应该有足够的负载可以开始运行或关闭。

许多弹性设备不能同时满足这些条件。例如，洗碗机只能在短时间内运作。当需要减少电网负载时，可能只有少数的洗碗机能被关闭。

恒温电器能同时满足上述条件，因此可以用来应对智能电网的突然变化。恒温电器包含智能冰箱和智能热水器等。下面以智能冰箱为例进行介绍。

据统计，中国近年来每年生产冰箱数千万台，冰箱在家用电器中占有相当大的比例。一般情况下，冰箱保持长时间运行，这意味着随时都有大量的冰箱可以被关停或启动。恒温电器的正常工作过程描述如下。

恒温电器有运行周期 T_{n} 和关停周期 T_{f}。当电器处于运行状态并且连续运行时间大于 T_{n} 时，电器的状态将变为关停状态；当电器处于关停状态且持续时间大于 T_{f} 时，电器开始运行。这个过程会持续一个非常长的时间，如数周或数月。用 T_{cr} 表示连续运行时间，即电器开始运行到电器关停的持续时间。当电器没有被外部因素干扰时，一般地，有 $T_{\mathrm{cr}}=T_{\mathrm{n}}$。类似地，用 T_{cf} 表示连续关停时间，在不受外部因素干扰时一般有连续关停时间 $T_{\mathrm{cf}}=T_{\mathrm{f}}$。总运行时间用 T_{tt} 表示，是指在一段较长的时间内连续运行时间的总和，其计算方法如下：

$$T_{\mathrm{tt}}=\sum_{i=1}^{N}T_{\mathrm{cr}}^{i}\approx T_{\mathrm{sum}}\cdot\frac{T_{\mathrm{n}}}{T_{\mathrm{n}}+T_{\mathrm{f}}} \tag{8.1}$$

式中，T_{sum} 为特定的时间段，其间电器处于连续的运行和关停状态。

8.3 用户友好度指标

智能电器可以用来调整智能电网的状态以应对电网中的突然变化，但是，如果要使智能电器承担应对电网突变的工作且易于部署，智能电器必须是用户友好的，这意味着用户的利益必须得到保证。用户的利益可以分为以下两类。

1）为稳定智能电网所采取的措施，电器所消耗的电能不能增加太多。

2）为应对智能电网突变而采取措施时，其基本功能不受影响。

例如，使用智能冰箱来稳定电网状态时，其温度必须在特定的范围内。如果因为减少智能电网的总负载而使冰箱长时间停止运行，冰箱里的食物可能会变质，这对用户来讲是不能容忍的。所以用户友好的恒温电器必须满足以下限制。

首先，连续运行时间和连续关停时间只能在小范围内改变。连续运行时间过长会浪费电力，增加用户的耗电量，这将给用户带来额外的花销，而连续运行时间过短可能会影响电器的功能；过长的关闭时间会影响电器的功能，而过短的关闭时间会浪费电力。

其次，总运行时间只能在一个小范围内改变。用户不能承受太多的总运行时间的增加，因为这可能会明显增加成本。同时，连续运行时间不足会影响电器的功能，给用户带来不好的体验。

基于以上分析，利用连续运行时间和实际运行时间的差值、连续关停时间和实际关停时间的差值，以及总运行时间和正常状态下的总运行时间的差值来衡量用户的友好度。

用户的友好度可由下式给出：

$$\begin{cases} a = \min\left(T_{\text{cr}}^{i,j} / T_{\text{n}}^{j}\right) \\ b = \max\left(T_{\text{cr}}^{i,j} / T_{\text{n}}^{j}\right) \\ c = \min\left(T_{\text{cf}}^{i,j} / T_{\text{f}}^{j}\right) \\ d = \max\left(T_{\text{cf}}^{i,j} / T_{\text{f}}^{j}\right) \\ e = \min\left(T_{\text{tt}}^{j}\right) / T_{\text{ttn}}^{j} \\ f = \max\left(T_{\text{tt}}^{j}\right) / T_{\text{ttn}}^{j} \end{cases} \tag{8.2}$$

式中，$T_{\text{cr}}^{i,j}$ 为第 j 个电器的第 i 个连续运行时间；T_{n}^{j} 为第 j 个电器的运行周期；$T_{\text{cf}}^{i,j}$ 为第 j 个电器的第 i 个连续关停时间；T_{f}^{j} 为第 j 个电器的关停周期；T_{tt}^{j} 为第 j 个电器的总运行时间；T_{ttn}^{j} 为第 j 个电器在正常状态下的总运行时间。

从式（8.2）可以看出，$0<a<1<b$，$0<c<1<d$，$0<e<1<f$，根据 a、b、c、d、e、f 的值可以判断负载调度是否对用户友好。它们越接近 1，负载调度算法对用户越友好。

8.4　基于群体智能的负载调度

在文献[12]中，作者提出使用群体智能来应对智能电网中的频率变化。群体智能是解决智能电网突变的一个很好的解决方案，每一个电器都被视为智能体。智能体可以观察智能电网的状态，如频率、电压、电流等；并根据具体的状态，采用简单的逻辑来决定是应该运行还是应该关闭。大量的这种简单的智能体可能共同表现出智能行为。

然而，文献[7]指出，如果每个电器只考虑它接收到的状态，却忽略了其他器件如何响应相同的状态，电网中的频率可能会出现较大的波动。这些波动是由同步带来的。要打破同步，最好的办法是每个智能体都可以和其他智能体进行交流，了解它们会如何反应，避免同样的行为。然而，让一个电器知道其他电器如何反应是不实际的，因为用户不会同意其电器的状态被其他用户感知，另外，通信开销可能是巨大的。文献[7]使用概率方法来打破同步。在他们的方法中，只有一小部分智能体对接收到的信号做出反应，智能体的行为是由设备产生的随机数决定的。然而，概率方法可能导致某些使用这些智能体的用户的利益得不到保障。例如，一些智能体可能会连续运行时间过长或停顿时间过长，或者某些智能体的总运行时间很长，而其他智能体的总运行时间很短。这种方法可能会导致的结果如式（8.3）所示，所以文献[7]中的调度负载算法对用户是不友好的。

$$\begin{cases} a \to +0 \\ b \to +\infty \\ c \to +0 \\ d \to +\infty \\ e \to +0 \\ f \to +\infty \end{cases} \tag{8.3}$$

因此，需要提出一种用户友好的方法，当电网状态发生突然变化时，可以使用该方法稳定电网。应该选择一部分电器，但不是所有电器来调整状态。具体方法是，每个设备可以根据收到的信号和状态持续时间确定其是否应该改变状态。例如，如果需要关停一些电器来稳定电网，那么有以下两种情况电器可能会改变状态。第一种，电器正在运行，状态持续时间接近运行周期，可以提前将它们的状态改变为关停状态；第二种，电器处于关停状态，其状态持续时间比关停周期长，可以继续保持一段时间。这个算法称为弹性周期负载调度算法（算法 8.1，其中 U_r 为电器的实际电压，U_n 为标准电压）。

如果连续运行时间与运行周期、连续关停时间与关停周期的差距较小，可以得到一组接近 1 的 a、b、c、d、e 和 f。在这种情况下，弹性周期负载调度算法是对用户友好的。下面会通过模拟实验的方式来验证。

算法 8.1 弹性周期调度算法

输入：U_r 为电器的实际电压，U_n 为标准电压

输出：state，$t_{appliance}$

1: $t_{appliance} = t_{appliance} + 1$

2: $\text{Diff} = U_r - U_n$

3: **if** $\text{Diff} > P_{threshold}$ **then**

4: **if** !state **then**

5: **if** $1 - t_{appliace} / T < \text{Diff}^2 / \text{scale1}$ **then**

6: state = true

7: $t_{appliance} = 0$

8: **end if**

9: **else**

10: **if** $t_{appliance} > T(1 + \text{Diff} / \text{scale2})^2$ **then**

11: state = !state

12: $t_{appliance} = 0$

13: **end if**

14: **end if**

15: **else if** $\text{Diff} < N_{threshold}$ **then**

16: **if** state **then**

17: **if** $1 - t_{appliace} / T < \text{Diff}^2 / \text{scale1}$ **then**

18: state = false

19: $t_{appliance} = 0$

20: **end if**

21: **else**

22: **if** $t_{appliance} > T(1 - \text{Diff} / \text{scale2})^2$ **then**

23: state = !state

24: $t_{appliance} = 0$

25: **end if**

26: **end if**

27: **else**

28: **if** $t_{appliance} > T$ **then**

29: state = !state

30: $t_{appliance} = 0$

31: **end if**

32: **end if**

8.5 实验结果与分析

采用文献[7]中的模型来进行仿真实验。模型如图 8.1 所示，非常简单但是具有电网

的基本特征。在该模型中，有一个直流电源，其电压 $U_v = 200\,\text{V}$，电阻 $R_v = 1\,\Omega$。系统中并联了 M 个固定电器和 N 个恒温电器，仿真中设定 $M = N = 1000$。每个固定电器的电阻为 $R_c = 1340\Omega$，每个周期性恒温电器的电阻为 $R_p = 2000\,\Omega$。运行周期 T_n 与关闭周期 T_f 相等。每个恒温电器的运行周期从 450s 到 750s 不等。如果电器的电压为 98～102V，则电网处于一个安全状态；否则，电网处于不安全状态。在初始阶段，一半恒温电器在运行，一半处于关闭状态，在这种情况下，电器的电压 $U_r = 100.2\text{V}$。

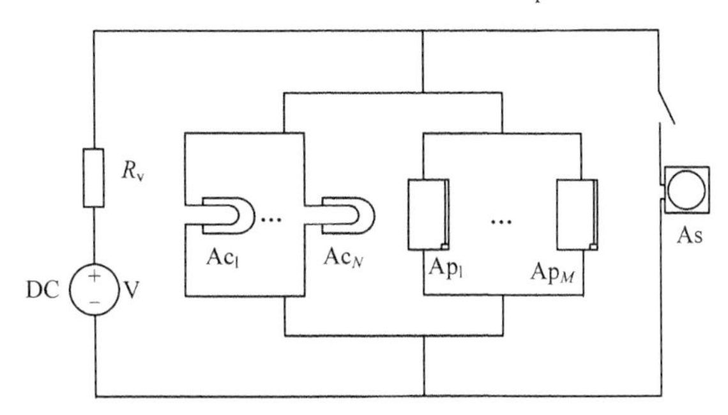

图 8.1　带有恒定负载和恒温电器负载的电网模型

当 $t = 1500\text{s}$ 时，电路发生突变，即阻抗 $R_{ext} = 13\Omega$ 的另一个负载连接到电路中。这可能是一个事故或攻击者的攻击，改变将持续到 2000s，直到系统被修复或攻击被解除。当恒温电器检测到电压的变化时，它们将通过负载调度算法来调整它们的状态。

本节比较了四种负载调度算法，相应地有四种电器。第一种是非智能电器。非智能电器忽视了电网的状态，而是集中在自己的功能上。当状态持续时间大于运行时间或关闭时间时，电器改变其状态。第二种和第三种是使用具有不同参数的文献[7]中的概率调度算法的智能电器。第四种是使用弹性周期调度算法的智能电器，命名为“弹性周期电器”。表 8.1 列出了四种电器的参数。

表 8.1　四种电器的参数

电器类型	$P_{threshold}$	$N_{threshold}$	scale1	scale2
非智能电器	NULL	NULL	NULL	NULL
智能电器 1	1	−1	20	NULL
智能电器 2	0.2	−0.2	20	NULL
弹性周期电器	1	−1	8	20

各电器的电压变化如图 8.2 所示，其中蓝线表示非智能电器的电压，绿线和黑线表示使用了不同参数的文献[7]中概率调度算法的电器的电压，红线表示弹性周期电器的电压（彩图请扫描二维码查看）。可以看到，当发生突然变化时，非智能电器将忽略电网状态的改变，电压很快下降到 98.6V。在恢复之前，每个电器的电压不在安全状态（98～102V）。“智能电器 1”与“智能电器 2”的不同之处在于，“智能电器 2”较为敏感，接

收到的电压与正常电压之间的差异会使恒温电器参与调整电压。可见，电器越敏感，电路中出现的波动越小。弹性周期电器在电网状态发生突变时也可以很好地调整电压。当$t=1500$s 时，电压下降很快，但始终处于安全状态，当变化恢复时，与智能电器相比，弹性周期电器的电压波动更小。弹性周期电器的电压波动幅度与智能电器 1 基本一致，可能是因为两种电器中的 $P_{\text{threshold}}$ 和 $N_{\text{threshold}}$ 的值是相同的，从而使它们具有相同的灵敏度。

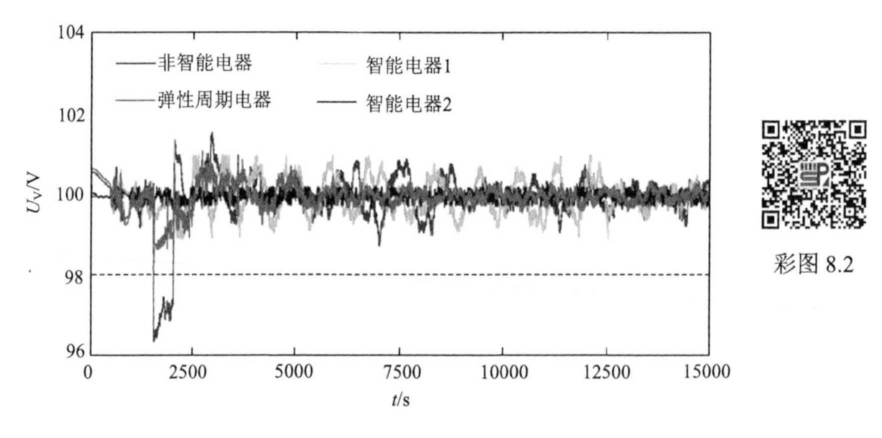

图 8.2　四种电器的电压变化

图 8.3 所示为设备在每个时刻的运行状态。电路中有 1000 个恒温电器，图 8.3 所示的电器是这 1000 个电器中对用户最不友好的。由图 8.3（a）可以看到，非智能电器有一个连续的运行时间和关停时间。在图 8.3（b）所示的智能电器 1 中，连续运行时间保持不变，但连续的关停时间变化很大。正常连续关停周期为 531s，但最短连续关停时间为 118s。图 8.3（c）所示的智能电器 2 与智能电器 1 相比显得更加不友好，正常的连续运行周期和关停周期都是 626s，最长的连续运行时间是 1253s，最短的连续运行时间是 29s。图 8.3（d）所示为采用弹性周期算法的最不友好的智能设备，但此电器仍然具有较好的用户友好度。

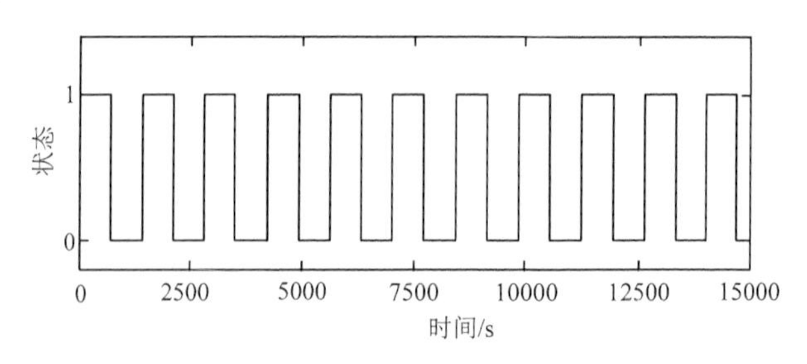

（a）非智能电器

图 8.3　电器的运行状态

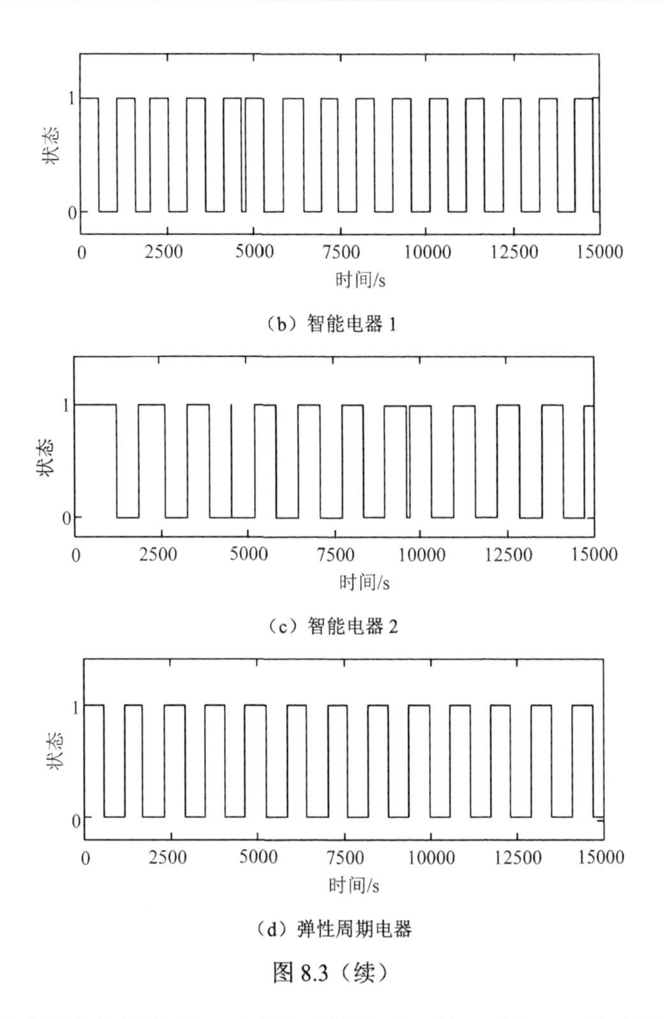

（b）智能电器 1

（c）智能电器 2

（d）弹性周期电器

图 8.3（续）

设备是否便于用户使用的另一个指标是总运行时间。图 8.4 所示为四种不同电器的总运行时间。非智能电器和弹性周期电器的总运行时间变化不大，例如，在图 8.4（a）中，最短总运行时间为 7202s，最长总运行时间为 7860s；在图 8.4（d）中最短总运行时间为 7175s，最长总运行时间为 7923s。然而，智能电器 1 和智能电器 2 的总运行时间变化较大，在图 8.4（b）中，最长总运行时间为 8430s，最短总运行时间为 6453s；在图 8.4（c）中，最长总运行时间为 9123s，最短总运行时间为 6077s。

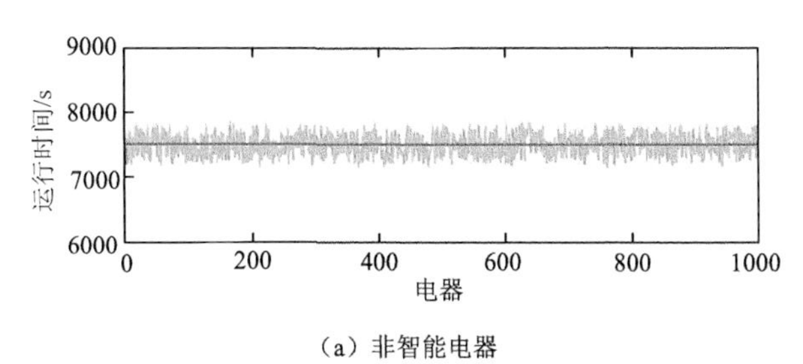

（a）非智能电器

图 8.4 四种不同电器的总运行时间

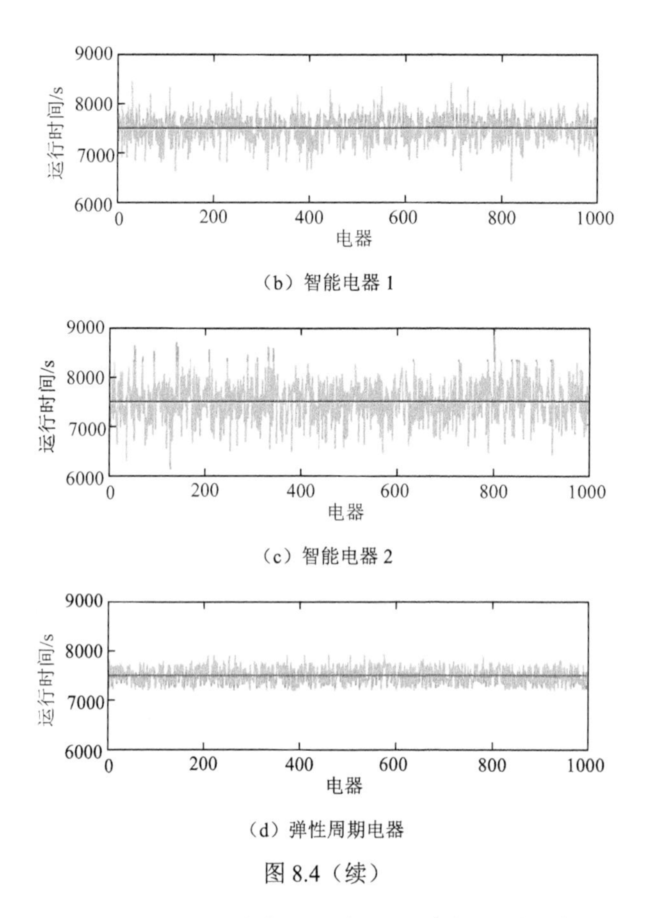

（b）智能电器 1

（c）智能电器 2

（d）弹性周期电器

图 8.4（续）

表 8.2 列出了 a、b、c、d、e、f 的值，从中可以清晰地看出每种电器的用户友好度。其中非智能电器的值由理论计算得到，其他三种智能电器的值通过 15000s 的仿真得出。

表 8.2　不同种类恒温电器的用户友好度指标值

电器类型	a	b	c	d	e	f
非智能电器	1	1	1	1	1	1
智能电器 1	0.282	1.82	0.331	1.71	0.86	1.124
智能电器 2	0.046	2.01	0.061	2.13	0.81	1.216
弹性周期电器	0.82	1.08	0.96	1.12	0.957	1.056

根据以上分析可以看出，非智能电器在电网电压发生变化或负载突发变化时，电网可能进入不安全状态。概率方法可以使电网保持安全状态，但对用户不友好，难以部署。如果连续运行时间和连续关停时间变化很大，不但可能消耗更多的电力，也可能无法保证基本的功能。弹性周期调度算法作为应对智能电网突变的一种实用的解决方案，不但可以使智能电网保持安全状态，而且对设备正常功能的干扰较小，使用户易于接受，便于部署。

本章小结

本章研究了基于群体智能的关键基础设施网络安全增强机制；以应对智能电网中的状态突变为例，提出了一个用户友好的负载调度算法来使电网处于安全状态；介绍了负载调度算法的用户友好度指标，并发现之前的算法对用户不够友好，使采用这些算法的智能电器不易部署和推广；接下来介绍了一个用户友好的负载调度算法，其主要思想是根据电网状态和当前恒温电器的工作状态延长或减少连续运行时间与连续关停时间。仿真结果表明，弹性周期负载调度方法能较好地应对智能电网中的突发事件，与概率方法相比，具有更好的用户友好度。

参考文献

[1] KIM C S, JO M, KOO Y. Ex-ante evaluation of economic costs from power grid blackout in South Korea[J]. Journal of Electrical Engineering & Technology, 2014, 9 (3): 796-802.

[2] BO Z, OUYANG S, ZHANG J, et al. An analysis of previous blackouts in the world: lessons for China's power industry[J]. Renewable & Sustainable Energy Reviews, 2015, 42: 1151-1163.

[3] FANG X, MISRA S, XUE G, et al. Smart Grid—the new and improved power grid: a survey[J]. IEEE Communications Surveys & Tutorials, 2012, 14 (4): 944-980.

[4] LI M, HE P, LIAN Z. Dynamic elastic load scheduling achieving load balancing for smart grid[C]// International Conference on Communications in China. Chengdu: IEEE/CIC, 2016: 1-6.

[5] ADIKA C O, WANG L. Autonomous appliance scheduling for household energy management[J]. IEEE Transactions on Smart Grid, 2014, 5(2): 673-682.

[6] WANG C, ZHOU Y, WU J, et al. Robust-index method for household load scheduling considering uncertainties of customer behavior[J]. IEEE Transactions on Smart Grid, 2015, 6 (4): 1806-1818.

[7] NARDELLI P H J, KÜHNLENZ F. Why smart appliances may result in a stupid energy grid: examining the layers of the sociotechnical systems[J]. IEEE Systems, Man, and Cybernetics Magazine, 2018, 4(4): 21-27.

[8] SAMADI P, WONG V W S, SCHOBER R. Load scheduling and power trading in systems with high penetration of renewable energy resources [J]. IEEE Transactions on Smart Grid, 2016, 7(4): 1802-1812.

[9] YUAN J H. Customer response under time-of-use electricity pricing policy based on multi-agent system simulation[C]// Power Systems Conference and Exposition. Atlanta: IEEE, 2006: 814-818.

[10] STEPHEN B, GALLOWAY S, BURT G. Self-learning load characteristic models for smart appliances[J]. IEEE Transactions on Smart Grid, 2014, 5(5): 2432-2439.

[11] ROH H T, LEE J W. Residential demand response scheduling with multiclass appliances in the smart grid[J]. IEEE Transactions on Smart Grid, 2015, 7(1): 94-104.

[12] JOSE E, JOSE J H, MARIO H, et al. Swarm intelligence for frequency management in smart grids[J]. Informatica, 2015, 26(3): 419-434.